Zu diesem Buch

Mehrebenenanalyse ist ein relativ neues
Gebiet der sozialwissenschaftlichen
Forschungsmethodologie, das geeignet
sein könnte, eine Verbindung zwischen
den divergierenden Ansätzen der Makro-
und Mikrosoziologie herzustellen. Mit
der vorliegenden Arbeit wird zum ersten
Mal der Versuch unternommen, einen
systematischen Überblick über dieses
Gebiet zu geben.

Anhand einer Vielzahl von Beispielen, die
der empirisch-theoretischen Forschung
entnommen sind, werden die wesentlichen
Probleme der Kontextanalyse, der ökologischen Analyse sowie der Analyse sozialer
Netzwerke, sofern letztere für die Analyse
umfassenderer sozialer Gebilde relevant
sind, diskutiert. Dabei wird besonders
eingehend die Art der Vermittlung von
Prozessen auf der Ebene sozialer Systeme
und Strukturen und auf der Ebene der
Interaktionszusammenhänge individueller
Akteure untersucht.

Das vorliegende Skriptum ist vor allem für
Soziologen interessant; es dürfte aber auch
für Psychologen und Sozialpsychologen von
Bedeutung sein. Grundkenntnisse der Methoden der empirischen Sozialforschung sind
eine Voraussetzung für die Lektüre.

Probleme der Mehrebenenanalyse

Von Dr.rer.pol. H.J.Hummell

Forschungsinstitut
für Soziologie
der Universität zu Köln

1972. Mit 18 Bildern

B.G.Teubner Stuttgart

Dr. rer.pol. Hans J. Hummell

Geboren 1941 in Kiel. Von 1960 bis 1969
Studium der Soziologie, Sozialpsychologie,
Volkswirtschaftslehre und Mathematik an
den Universitäten Köln, Berlin und Paris.
Seit 1965 Assistent am Forschungsinstitut
für Soziologie der Universität zu Köln.
Promotion 1969.

ISBN 978-3-519-00039-6   ISBN 978-3-322-96630-8 (eBook)
DOI 10.1007/978-3-322-96630-8

Umschlaggestaltung: W.Koch, Stuttgart

Vorwort

Mehrebenenanalyse ist als Versuch anzusehen, mit den Mitteln
der Sozialforschung Aussagen über gesamtgesellschaftliche
Phänomene empirisch zu kontrollieren.

In sehr vereinfachender Weise könnte man die Entwicklung der
neueren Soziologie durch das Auseinanderfallen von Mikro-
und Makrosoziologie charakterisieren. So war die nordameri-
kanische Soziologie mit ihrer starken Betonung der Techniken
der Umfrageforschung lange Zeit ausgesprochen mikrosoziolo-
gisch ausgerichtet und ist es teilweise immer noch. For-
schungsobjekte sind das einzelne Individuum oder kleinere
soziale Einheiten wie z.B. Familien, Arbeitsgruppen oder Organisationen. Gesamtgesellschaftliche Phänomene bleiben im
Hintergrund und werden nicht explizit Gegenstand von Analysen.
Demgegenüber zeichnete sich die traditionelle europäische
Soziologie durch Beschäftigung mit makrosoziologischen Fragestellungen, insbesondere langfristigen historischen Ent-
wicklungsprozessen aus, allerdings häufig unter Vernachlässigung der Konstruktion von intersubjektiv gültigen For-
schungsteczniken.

Seit Mitte der 50er Jahre hat nun eine Entwicklung einge-
setzt, die die Beziehungslosigkeit von Makro- und Mikrosoziologie überwinden könnte. Einerseits wird die Verwendung
von Daten der Umfrageforschung bei der Behandlung von Problemen sozialer Strukturen in zunehmender Weise kritisiert
und immer mehr der Charakter einer darauf basierenden Mikrosoziologie als "Aggregatpsychologie" (J.S. Coleman 1964)
eingesehen. Andererseits breitet sich die Einsicht aus, daß
auch Makrosoziologie, wenn sie ihre spekulative Unverbind-
lichkeit abstreifen möchte, auf die Methoden der empirischen Sozialforschung nicht verzichten kann. Erste Resultate dieser Bemühungen liegen in den Arbeiten zur Mehrebenen-

analyse vor; für letztere gilt, was für eines ihrer Teilge-
biete gesagt wurde: sie ist "The Merger of American and European Traditions of Sociological Research"(E.Allardt 1968).

Zugestanden werden muß allerdings, daß die Einzelbeiträge
zur Mehrebenenanalyse größtenteils das Resultat spezieller
Probleme sind, welche in einzelnen empirischen Untersuchungen ad hoc zu lösen waren. Mehrebenenanalyse hat zur Zeit
stark den Charakter einer Kunstlehre: eine Kodifikation der
verschiedensten Strategien und Techniken steht noch aus. Ein
Versuch in dieser Richtung soll mit der vorliegenden Arbeit
gemacht werden. Es sei auch darauf hingewiesen, daß in der
vorhandenen Literatur häufig nicht im strengen Sinne gesamtgesellschaftliche Phänomene thematisch werden, sondern nur
die im jeweiligen Zusammenhang relativ umfassenderen sozialen Kontexte, meist sogar nur in Form einer Analyse, die wir
als Standardversion einer Zwei-Ebenen-Analyse bezeichnen werden. Die Behandlung vieler Probleme der traditionellen Makrosoziologie ist noch Desiderat.

Die Mehrebenenanalyse ist ein Gebiet, in dem eine Trennung
zwischen inhaltlichen Fragen der Theorie und formalen der
Forschungsmethodologie nur künstlich wäre. Sie stellt ein
instruktives Beispiel dafür dar, wie eine schrittweise Präzisierung und Modifikation theoretischer Fragestellungen
mit der Entwicklung spezieller Forschungstechniken einher-
gehen. Als ein Bereich einer theoretisch orientierten Methodologie, die, ausgehend von der Struktur der theoretisch
intendierten Aussagen, darüber reflektiert, welche Anforde-
rungen Daten und Analyse zu erfüllen haben, wenn sie für
die Aussagen überhaupt relevant sein sollen, hat die Mehrebenenanalyse die Klasse der Phänomene, über die wir in empirisch kontrollierbarer Weise sprechen wollen, in erheb-
lichem Maße erweitert.

Köln, im Februar 1972   H.J. Hummell

7

Inhaltsverzeichnis

1.   Einleitung: Arten von Gegenständen und Merkmalen;

Verschiedene Formen der Analyse

1.1. Aussagen, Gegenstände und Merkmale

Gleich anderen wissenschaftlichen Aussagen bestehen soziologische im einfachsten Fall der sog. atomaren Aussagen aus
zwei Komponenten: Namen für "Individuen" und Prädikaten.
Kompliziertere Aussagen (Molekularsätze; All- und Existenz-
behauptungen) können als logische Konstruktionen atomarer
Aussagen dargestellt werden. - Den linguistischen Zeichen
"Individuenkonstanten" sowie "Prädikaten" entsprechen in
der empirischen Realität "Gegenstände" oder "Objekte" bzw.
"Eigenschaften" oder "Merkmale".

Beispiele für atomare Aussagen:
   (1) Person a ist autoritär;
   (2) Die Struktur dieser Gruppe ist zentralisiert;
   (3) Gruppe a wird von Gruppe b diskriminiert;
   (4) Person a konkurriert mit Person b um Position p;
   (5) Das System der Normen der Gesellschaft g ist
       repressiv.
Dabei sind a, b, p und g Abkürzungen für Namen von ganz
bestimmten Personen, Gruppen, Positionen oder Gesellschaften. Also könnte (1) z.B. lauten: "Meier ist autoritär".

Wird eine Reihe von Aussagen in einem systematischen Zusammenhang formuliert, legt man zweckmäßigerweise einen
bestimmten Bereich von Objekten, Gegenständen oder Einheiten fest, auf den sich die einzelnen Aussagen beziehen.
Dieser Bereich ist dann das Universum, über das gesprochen
werden soll (universe of discourse); er wird häufig auch
Individuenbereich genannt, obwohl er nicht notwendigerweise gleich einer Menge von Individuen im Sinne von Personen oder individuellen Akteuren sein muß, sondern wie

schon angedeutet auch beispielsweise eine Menge von sozialen Positionen, von Normen oder sozialen Systemen sein kann.

Eine (vollständige) <u>Deskription eines Bereiches</u> ist eine
Folge von atomaren Aussagen, wobei <u>durch jede Aussage ein
Objekt</u> des Universums dahingehend <u>charakterisiert</u> wird, <u>ob
es ein bestimmtes Merkmal besitzt oder nicht.</u> (Im Falle
statistischer Deskriptionen wird über den Bereich nur aus-
gesagt, wie sich die Objekte gemäß den Merkmalen "verteilen,"
ohne daß einzelne Objekte namentlich erwähnt werden.) Je
nach der logischen Struktur der verwandten Merkmale (einstellige, mehrstellige, verallgemeinerte "Merkmale" in Form
von quantitativen Funktionen) wird durch eine Beschreibung
der Objektbereich klassifiziert, geordnet oder metrisiert.
<u>Nomologische Aussagen</u> schließlich drücken gesetzmäßige Ver-
knüpfungen verschiedener Merkmale aus: speziell in Form von
Klassen-Inklusionen, Beziehungen von Ordnungsstrukturen
oder Funktionen.

Streicht man in den Sätzen (1) bis (5) alle vorkommenden
Eigennamen und setzt an ihre Stelle beliebige Zeichen ohne
feste Bedeutung (z.B. x, y,z...), welche nur Platzhalter
für irgendwelche "Individuen"-Zeichen sein sollen, erhält
man die folgenden Prädikatausdrücke:
   (1') x ist autoritär;
   (2') x ist zentralisiert;
   (3') x wird durch y diskriminiert;
   (4') x konkurriert mit y um z;
   (5') x ist repressiv.

Will man von allen inhaltlichen Bedeutungen abstrahieren,
d.h. nur die Form der sprachlichen Ausdrücke herausarbeiten,
kann man in den Prädikatausdrücken zusätzlich die Prädikate
durch Zeichen ohne feste Bedeutung ersetzen. So erhält man
schließlich beispielsweise die Ausdrücke "x ist H", abge-
kürzt H(x), oder "x steht in der Relation K zu y", was man

folgendermaßen abkürzen kann: K(x, y).

Die logische Struktur von atomaren Aussagen ist also von folgender Form: H(x) oder K(x, y) oder L(x, y, z). Dies soll bedeuten, daß einem Objekt x (des zugrundegelegten Bereichs) das (einstellige) Prädikat H zugeschrieben wird - Beispiele (1), (2), (5) - bzw. daß ein Paar (x, y) von Objekten durch das (zweistellige) Prädikat K - Beispiel (3) - und das Tripel (x, y, z) von Objekten durch das (dreistellige) Prädikat L - Beispiel (4) - charakterisiert wird. Entsprechend sind <u>Aussageformeln mit n-stelligen Prädikaten</u> konstruierbar, wobei n die Zahl der durch x, y,.. gekennzeichneten Leerstellen des betreffenden Prädikatausdrucks angibt; durch n-stellige Prädikate werden n-tupel $(x_1, x_2, \ldots, x_n)$ von Objekten charakterisiert. (Die hier eingeführte Terminologie ist Standardterminologie der Logik, welche man in jedem Lehrbuch nachlesen kann, z. B. bei R. Carnap 1960; vgl. auch K. D. Opp 1970, Kap. II).

Mit dieser Beschreibung der Struktur atomarer Aussagen ergeben sich zwei Fragen:
a) Welcher Art sind die <u>Gegenstände oder Einheiten</u>, deren Namen in die durch x, y, z ... gekennzeichneten Stellen der Formeln H(x), K(x, y), L(x, y, z) substituiert werden dürfen ?
b) Welcher Art sind die <u>Eigenschaften oder Merkmale</u> bzw. die sie bezeichnenden Prädikate, die in die durch H, K, L usw. freigehaltenen Stellen einsetzbar sind ?

Die Beantwortung der ersten Frage führt zu einer für die Sozialwissenschaften relevanten <u>Einteilung des Gegenstandsbereiches</u>; die Beantwortung der zweiten Frage zu einer Klassifikation der bei der Charakterisierung von Gegenständen verwandten <u>Merkmale oder Eigenschaften</u>. Wir wollen diese Einteilungen im folgenden in Anlehnung an die Arbeit von P. F. L a z a r s f e l d und H. M e n z e l

(1961) durchführen. (Eine frühe Version der Klassifikation von Merkmalen stammt von P. L. Kendall und P.F.Lazars-
feld 1950; vgl. auch die ganz ähnliche Form von R.B.Cattell
1951. Inzwischen hat sich die Zahl solcher Klassifikationen
erheblich vermehrt; sie stellen jedoch nur Varianten des
Lazarsfeld-Menzel-Schemas dar; vgl. auch T. K. Hopkins
und I. Wallerstein 1967; E. K. Scheuch 1967[a]; M. Dogan
und S. Rokkan 1969.)

1.2. <u>Die Konstitution verschiedener Ebenen sozialer Einheiten</u>

Es ist möglich, die Gegenstände oder Einheiten, über die
irgendwelche Aussagen formuliert werden sollen, in solche
erster, zweiter, ... n-ter Ordnung danach einzuteilen, daß
die Gegenstände der jeweils niederen Ordnung (Ebene) <u>Ele-
mente</u> der Gegenstände der nächst höheren Ordnung sind;
d. h. alle Gegenstände zweiter und jeder höheren Ordnung
werden als <u>Mengen</u> von Gegenständen einer niederen Ordnung
dargestellt. So könnte man sich beispielsweise folgende
Hierarchie vorstellen:

Gegenstände 1. Ordnung sind Personen (individuelle
Akteure)

Gegenstände 2. Ordnung sind Cliquen
Gegenstände 3. Ordnung sind Gruppen
Gegenstände 4. Ordnung sind Organisationen
Gegenstände 5. Ordnung sind lokale Gemeinden
Gegenstände 6. Ordnung sind Gesamtgesellschaften

In dieser Hierarchie von verschiedenen Ebenen sind Gegenstände der i-ten Ordnung jeweils Elemente eines Gegen-
standes der i+1-ten Ordnung. Dieser Ordnung von aufgrund
der Klassen-Element-Beziehung konstituierten Gegenstands-
arten entspricht ungefähr die Unterscheidung von "members"
und "collectives" bei L a z a r s f e l d und M e n z e l,

welche relativ zu jeweils zwei betrachteten Ordnungen oder
Ebenen ist. Im übrigen sei schon jetzt darauf hingewiesen,
daß eine Unterscheidung von sozialen Einheiten verschiedener Ebenen häufig erst das Resultat eines komplizierten
Prozesses ist, durch den eine zunächst sehr undifferenziert
erscheinende Menge von Personen aufgrund bestimmter Kriterien in Einheiten verschiedener Ordnung zerlegt wird
(vgl. §§ 2.3.,6.3.). Auch dürfte es oft kaum möglich sein,
die Klassen-Element-Beziehung eindeutig von einer Klassen-
Teilklassen-Beziehung abzugrenzen. So könnte z.B. eine bestimmte Clique deshalb zur 2. Ordnung und eine bestimmte
Gruppe zur 3. Ordnung gehören, weil die Gruppe aus Cliquen
"besteht", d.h. eine Menge von Cliquen ist (Klassen-Element-Beziehung), oder weil alle Cliquenmitglieder auch Mitglieder der Gruppe sind (Klassen-Teilklassen-Beziehung).
Es soll hier jedoch keine logisch völlig befriedigende
Konstruktion verschiedener Ebenen durchgeführt werden, sondern die eingeführte Einteilung ist nur ein Hilfsmittel,
unsere Überlegungen in diesem Zusammenhang etwas zu prä-
zisieren.

Es ist nämlich das Charakteristikum der Mehrebenenanalyse,
daß Objekte verschiedener Ordnung gleichzeitig zum Gegenstand der Untersuchung werden, sei es daß man soziale Einheiten daraufhin betrachtet, aus welchen Sub-Einheiten sie
zusammengesetzt sind, sei es daß man beim Studium von Eigenschaften individueller Akteure darauf achtet, zu welchen
sozialen Einheiten sie gehören. Beispielsweise untersuchte
J. S. C o l e m a n (1961) in 10 Schulen, die sich in
10 verschiedenen amerikanischen Gemeinden befanden, die
Schüler einzelner Klassen sowie die Cliquen innerhalb einer
jeden Schule - hier liegt also eine Analyse auf vier verschiedenen Ebenen vor.

Sofern nicht ausdrücklich etwas anderes erwähnt wird, werden im folgenden die Probleme der Mehrebenenanalyse am

speziellen Beispiel von Zwei-Ebenen-Analysen behandelt.
Dabei werden i.a. "Standardversionen" der Zwei-Ebenen-
Analysen im Vordergrund stehen: die zur Diskussion stehenden
Gegenstände sind hier einmal solche erster Ordnung und zum
anderen solche irgendeiner höheren Ordnung, ohne daß letztere immer genau spezifiziert wird. Es wird dann um Beziehungen zwischen Eigenschaften von individuellen Akteuren
(sozio-kulturellen Personen) und von irgendwelchen sozialen Einheiten im Sinne von Mengen von individuellen Akteuren (generell auch einfach Kollektive genannt) gehen.
Zugrundegelegt werden also im allgemeinen aus Individuen
(im Sinne sozio-kultureller Personen) und aus Mengen von
Individuen bestehende Objektbereiche.

Es ist bekannt, daß man Mengen von Objekten definitorisch
auf zweierlei Weise einführen kann. Dementsprechend können
wir soziale Kollektive als Mengen von individuellen Akteuren alternativ extensional oder intensional folgendermaßen festlegen:
a) Durch Aufzählung aller zu einem Kollektiv K gehörenden
   Personen;
b) Durch Angabe einer allgemeinen Formel $K = \{x \mid H(x)\}$,
   die ausdrücken soll, daß zum Kollektiv K alle diejenigen
   Akteure x gehören, für die die Aussage H(x) wahr ist,
   d.h. welche eine durch H bezeichnete Eigenschaft (Merkmal) besitzen.

Daß (soziale) Kollektive als Mengen individueller Akteure
definierbar sind, bedeutet nicht, daß man sich diese als
amorphe "Haufen" von isolierten Personen vorstellen muß.
Mengen sind immer dann in bestimmter Weise strukturiert,
wenn Relationen definiert sind, die für bestimmte Elemente
gelten. So ist z.B. nach einer Standarddefinition eine
soziale Gruppe (d.h. ein Kollektiv in unserem Sinne !) eine
durch eine Interaktionsrelation strukturierte Menge von
Personen; mit anderen Worten: eine Gruppe ist nicht nur

"bloß" eine Menge, sondern technisch gesprochen ein Paar,
bestehend aus einer Menge und einer für diese Menge gültigen Relation (s. hierzu § 2.2).

Aus diesem Grunde könnte man folgende Unterscheidungen zwischen verschiedenen <u>Arten von Kollektiven</u> treffen:

a) <u>Aggregate</u> (statistische Klassen): Hier hat die zur Abgrenzung der Personenmengen voneinander verwandte Eigenschaft im sozialen Bereich manifest keine Relevanz; mögliche Klassifikationen werden vom Beobachter vorgenommen,
   ohne daß dieser den Anspruch erhebt, Unterschiede, wie
   sie von den betroffenen Akteuren als relevant perzipiert
   werden, abzubilden. Hierzu gehören auch auf der Grundlage administrativer oder geographischer Kriterien abge-
   grenzte soziale Einheiten, sofern beispielsweise die Zugehörigkeit zu einer geographischen Einheit für die Akteure irrelevant ist.

b) <u>Soziale Kategorien</u>: Hier sind alle zu einer bestimmten
   Kategorie gehörenden Personen durch den speziellen Wert
   eines sozial relevanten Merkmals, welches auch eine Konjunktion von Merkmalen sein kann, charakterisiert. Im
   Unterschied zu a) werden als Universum nur solche Personen betrachtet, für die ein bestimmtes Merkmal überhaupt sozial relevant ist. Sozial relevant ist ein Merkmal dann, wenn es im sozialen Verkehr perzipiert und/oder
   an sein Auftreten differenzierende Reaktionen geknüpft
   werden, d.h. die betreffenden Personen als Merkmals-
   "träger" systematisch unterschiedlich behandelt werden.
   Beispiele: Klassifikationen der Personen gemäß ihrem
   Alter, dem Geschlecht, der Stellung im Produktionspro-
   zeß, nach ihrem Prestige, nach religiösen, ethnischen
   Zugehörigkeiten, nach geographischer Zugehörigkeit, sofern letzteres relevant ist. Da <u>Positionen</u> durch Komplexe sozial relevanter Merlmale (einschließlich be-

stimmter relationaler Merkmale) definierbar sind, bilden insbesondere die Inhaber der gleichen Position eine soziale Kategorie (z.B. Schichten als Mengen von Personen mit gleichem Status).

c) <u>Soziale Netzwerke:</u> Hier erfüllen die betrachteten Personenmengen die Bedingung, daß ihre Elemente in vielfältigen Beziehungen zueinander stehen. Relevante Relationen wären: Interaktion, Zuneigung, Kommunikation, Macht usw. Insbesondere soziale Gruppen und Organisationen sind Netzwerke; aber für fast alle Kollektive kann man durch Betonung "struktureller" Aspekte ihren Charakter als Relationengebilde oder Netzwerk besonders hervorheben.

d) <u>Soziale Systeme:</u> Grob gesprochen versteht man unter einem empirischen System einen beliebigen Ausschnitt der Realität oder ein raum-zeitlich abgegrenztes Gebiet, das durch Werte oder Wertemengen von Variablen beschreibbar ist. In Explikationen des Begriffes gehen i.a. Vorstellungen von der Existenz erstens verschiedener <u>Elemente</u> und zweitens von <u>Relationen</u> zwischen den Elementen ein. Dabei müssen die Systemelemente nicht unbedingt Einheiten im Sinne von Merkmals"trägern" sein. Generell könnte man zwei Klassen von Systemen unterscheiden:
1. <u>Wirkungssysteme:</u> Hier sind die Systemelemente "Variable", welche im Grenzfall alle die gleiche Einheit als Träger besitzen können; die Systemrelationen sind empirische nomologische Zusammenhänge zwischen den Variablen. (Beispiel: das Wirkungssystem "individueller Akteur" mit den Merkmalen "Einstellungen", "kognitive Vorstellungen" und "Verhaltenstendenzen" als Elementen und den empirischen Beziehungen zwischen den Merkmalen als Systemrelationen.) Wirkungssysteme sind Extensionen von Theorien, die häufig für ganz bestimmte Konfigurationen von Randbedingungen spezialisiert sind.

2. <u>Interaktionssysteme</u>, welche mit Netzwerken im erwähnten Sinne identisch sind. Hier sind die Systemelemente
   als Menge voneinander differenzierter Einheiten gegeben.

In der Soziologie werden als soziale Systeme häufig Phänomene bezeichnet, welche sich als Wirkungs- und Interaktions-
systeme gleichzeitig beschreiben lassen ("The most general
and fundamental property of a system is the interdependence
of parts or variables"; T.Parsons und E.A.Shils 1951,S.107)!
Hier ist die Wirkungsstruktur insofern außerordentlich kom-
plex, als die Systemelemente aus Variablen-Einheiten-Kombi-
nationen, d.h. einer Vielzahl von Variablen für eine Vielzahl differenzierter Einheiten, bestehen und die empirischen
Beziehungen zwischen diesen so geartet sind, daß i.a. die
k-te Variable bei der i-ten Einheit eine Funktion der l-ten
Variable bei der j-ten Einheit ist. (Beispiel: Systemelemente sind Werte X_{ik} von Einstellungen E_k bei Personen P_i;
ein bestimmter Wert einer speziellen Einstellung eines
Akteurs ist abhängig von seinen restlichen Einstellungen
<u>und</u> von den Einstellungen - u.U. von ganz anderer Art - der
Personen, mit denen er interagiert, die er positiv bewer-
tet usw..)

Ausgehend von den Formulierungen von T. P a r s o n s haben
wir an anderer Stelle eine an wissenschaftslogische Arbeiten,
insbesondere von G. B e r g m a n n (1957), anknüpfende
Explikation des System-Begriffs vorgeschlagen, die wir in
modifizierter Form referieren wollen (vgl. H. J. Hummell und
K. D. Opp 1971, S. 38 ff.): S ist ein <u>soziales System</u>, wenn
folgende Bedingungen erfüllt sind:
1. S ist eine <u>Menge K von Personen</u>;
2. Die zur Beschreibung der Elemente von K verwandten Prädikate lassen sich in zwei nichtleere Teilmengen zerlegen, welche a) <u>absolute Eigenschaften der Personen</u> und
   b) <u>Relationen zwischen Personen</u> ausdrücken (s. zu dieser

Terminologie auch den folgenden Abschnitt).

3. Die Gesamtmenge der S beschreibenden Aussagen zerfällt in zwei sich ausschließende nichtleere Teilmengen I und Z: a) Die als <u>Identifikatoren des Systems</u> verwandten Aussagen der Menge I sind zeitunabhängig; sind diese Aussagen wahr, liegt das betreffende System vor (es "existiert" oder es "überdauert" in der Zeit); b) Die Aussagenmenge Z ist zeitabhängig; für jeden Zeitpunkt t erhält man eine <u>Zustandsbeschreibung</u> Z(t) von S; Folgen von Zustandsbeschreibungen bilden einen "Prozess"; sie beschreiben den Zeitpfad von S.

4. In den <u>Gesetzesaussagen</u>, welche deduktive oder induktive Beziehungen zwischen auf verschiedene Zeitpunkte bezogenen Zustandsbeschreibungen herstellen, treten <u>wesentlich Aussagen</u> auf, <u>in denen Eigenschaften verschiedener Personen miteinander verknüpft</u> werden. (Als Konsequenz solcher Prozeßgesetze kann es sich ergeben, daß mögliche Kombinationen von einzelnen Aussagen zu einer Zustandsbeschreibung für einen beliebigen Zeitpunkt nicht auftreten, da die entsprechenden Aussagen nomologisch unverträglich sind.)

1.3. <u>Eigenschaften von Individuen</u>

Wenden wir uns Eigenschaften von Individuen zu; dabei greifen wir die oben getroffene Unterscheidung von einstelligen und mehrstelligen Prädikaten wieder auf. Wir werden im allgemeinen in diesem Abschnitt bezüglich der Einheiten, deren Eigenschaften oder Merkmale zur Diskussion stehen, unterstellen, daß damit individuelle Akteure gemeint sind, da für uns eine Einbettung in die Standardversion einer Zwei-Ebenen-Analyse im Hintergrund der Erörterung steht. Die hier behandelten Individuen bilden dann die Einheiten der niederen Ebene und die Kollektive, deren Eigenschaften im nächsten Abschnitt behandelt werden, die Einheiten der höheren

Ebene. (Da es andere Formen der Zwei-Ebenen-Analyse gibt,
können die hier zugrundegelegten Einheiten jedoch selbst
schon Kollektive sein. In diesem Falle einer anderen als
der Standardversion wäre entsprechend unter dem Terminus
"Kollektiv" eine Menge von Kollektiven zu verstehen.)

<u>Einstellige Prädikate</u> sind Aussageformeln der Form H(x),
bei denen an einer Stelle der Name eines Individuums einzusetzen ist, so daß eine (wahre oder falsche) Aussage
entsteht. Sie bezeichnen Eigenschaften oder Merkmale, die
einzelnen Individuen prädiziert werden können, ohne daß
dabei auf andere Individuen Bezug genommen werden muß;
solche Merkmale werden von L a z a r s f e l d und
M e n z e l deshalb "absolute properties" genannt. Beispiele sind die durch die folgenden Formeln dargestellten
(absoluten) Merkmale "x hat ein hohes Alter"; "x ist Arbeiter"; "x ist integriert"; "x ist oligarchisch strukturiert". In den beiden ersten Fällen sind Namen für individuelle Akteure einzusetzen, in den beiden letzten Namen
für Kollektive.

Bildet man die Menge aller Objekte, für die gilt, daß bei
Einsetzung ihres Namens in die Formel eine wahre Aussage
entsteht, so erhält man die <u>Extension</u> des betreffenden
<u>Prädikates</u>: in unseren Beispielen also die Klasse der
alten Personen, die Klasse der Arbeiter, die Klasse der
integrierten bzw. oligarchisch strukturierten Kollektive.
Für die meisten Zwecke im Bereich empirischer Wissen-
schaften reicht es aus, wenn man (absolute) <u>Eigenschaf-
ten mit Klassen von Objekten als den Extensionen</u> der entsprechenden einstelligen Prädikate identifiziert.

<u>Zweistellige Prädikate</u> (als wichtigste Form der mehrstel-
ligen) haben die Form K(x,y), d. h. es gibt zwei leere
Stellen x und y, bei denen Namen für irgendwelche Einheiten
zu substituieren sind. Je nachdem, ob die bei der Substi-

tution zugelassenen Einheiten Paare von Individuen oder
Paare von Individuen und Kollektiven sind, werden die entsprechenden Merkmale als "relational", "kontextuell" oder
"komparativ" bezeichnet.

a) <u>Relationale Eigenschaften</u> von Individuen kennzeichnen
diese aufgrund einer bestimmten Beziehung zu einem anderen Individuum. Die Extensionen von relationalen Eigenschaften sind also <u>Paare von Individuen</u>. Beispiel:
"x interagiert mit y"; "x gibt Anweisung an y"; "x be-
wertet y positiv"; "x besitzt das ökonomische Gut y".
(Für Nationen als zugrundegelegtem "Individuen"-Bereich
würde der Prädikatausdruck "x führt einen Wirtschafts-
krieg mit y" eine relationale Eigenschaft bezeichnen.)
Die Frage, wie man in systematischer Weise Paare von
Personen, die zwischen ihnen bestehenden Beziehungen
und die komplexen Netzwerke solcher Beziehungen behandelt, versucht die <u>Relationsanalyse</u> (relational analysis) zu beantworten (s. § 2).

b) <u>Kontextuelle Eigenschaften</u> von Individuen kennzeichnen
diese mit Hilfe einer Eigenschaft eines Kollektivs,
dessen Elemente sie sind. Beispiel: "x ist Mitglied
eines Kollektivs y mit der Eigenschaft, integriert zu
sein". (Genau genommen müßte man hier zwei Ausdrücke
zu folgender Konjunktion zusammenfassen: "x ist Mitglied
von y und y ist integriert".) Die Extension einer kontextuellen Eigenschaft besteht aus <u>Paaren von Individuen
und Kollektiven</u>. (Besteht der zugrundegelegte "Individuen"-Bereich schon aus Kollektiven, dann sind die Extensionen kontextueller Eigenschaften Paare von Kollektiven
von jeweils verschiedenen Ebenen; z.B. wird mit der Aussage "Gemeinde a liegt in einer ökonomisch entwickelten
Region r" einem sozialen Kollektiv eine kontextuelle
Eigenschaft zugeschrieben.)Eine Analyse, in der Aussagen Verwendung finden, welche Einheiten durch Eigen-

schaften umfassenderer Kollektive beschreiben, wird als
<u>Kontextanalyse</u> (contextual analysis) bezeichnet (s. ins-
besondere § 3 ; dort auch weitere Beispiele).

c) Bei der Extension von <u>komparativen Eigenschaften</u> handelt
es sich ebenso wie bei der von kontextuellen um <u>Paare</u>
<u>von Individuen und Kollektiven</u>. Der Unterschied besteht
darin, daß die Individuen innerhalb ein und desselben
Kollektivs selbst wiederum geordnet sind; das geschieht
dadurch, daß für jedes Individuum der Wert des absoluten
oder relationalen Merkmals mit der Verteilung des gleichen Merkmals im gesamten Kollektiv, dessen Elemente die
betreffenden Individuen sind, verglichen wird. Beispiele:
"x hat einen geringeren Intelligenzquotienten als der
Durchschnitt aller Personen der Gruppe y"; "x wird von
seinen Freunden häufiger gewählt als es in der Gruppe y
durchschnittlich der Fall ist".

1.4. <u>Eigenschaften von Kollektiven</u>

Betrachten wir Eigenschaften und Merkmale, welche Einheiten
einer höheren Ordnung zukommen als im vorigen Abschnitt zugrundegelegt wurde; im Falle der Standardversion einer Zwei-
Ebenen-Analyse also Eigenschaften von Kollektiven, andernfalls von Mengen von Kollektiven.

Generell ist bei Kollektiveigenschaften zu beachten, daß
eine Reihe dieser Merkmale durch Merkmale der Unter-Einhei-
ten definierbar sind, speziell also durch Eigenschaften ab-
soluter oder relationaler Art der das Kollektiv konstitu-
ierenden individuellen Akteure.

Diesen konstruierten Merkmalen stehen die sog. <u>globalen</u>
<u>Eigenschaften</u> von Kollektiven gegenüber, gemäß L a z a r s -
f e l d und M e n z e l dadurch gekennzeichnet, daß sie

"not based on information about the properties of individual members " (1961, S. 428) sind. Da im Falle der nicht-
konstruierten globalen Merkmale Einheiten einer niedrigeren
Ebene nicht erwähnt werden, sind Kollektive die Einheiten
der relativ niedrigsten Ebene. Ihre globalen Eigenschaften
können deshalb wie Eigenschaften von Individuen behandelt
und klassifiziert werden: Wir können also sagen, daß durch
<u>absolute globale Eigenschaften</u> Kollektive ohne Bezug weder
auf ihre Bestandteile noch auf andere Kollektive charakterisiert werden, daß <u>relationale globale Eigenschaften</u> Beziehungen zwischen Kollektiven darstellen, und daß durch
eine <u>kontextuelle globale Eigenschaft</u> ein Kollektiv durch
eine Eigenschaft eines umfassenderen Kollektivs gekennzeichnet wird. Relationale und kontextuelle globale Eigenschaften wurden schon erwähnt ("x führt einen Wirtschafts-
krieg mit y"; "x liegt in einem Gebiet y und y ist ökonomisch entwickelt"). Absolute globale Eigenschaften können
die von L a z a r s f e l d und M e n z e l erwähnten
sein: "x ist eine Gesellschaft, in der Geld die Rolle eines
Tauschmittels spielt"; "x ist ein Staat, der einen bestimmten Anteil des Volkseinkommens für Bildung und Erziehung
ausgibt" usw..

Die <u>konstruierten Merkmale</u> von Kollektiven zerfallen in
analytische bzw. strukturelle Eigenschaften, je nachdem,
ob die Ausgangsdaten, mit denen bei der Definition bestimmte logisch-mathematische Operationen durchgeführt werden,
absolute oder relationale individuelle Eigenschaften sind.

a) <u>Analytische Eigenschaften</u> "are obtained by performing
   some mathematical operation upon some property of each
   single member" (P.F. Lazarsfeld und H. Menzel 1961,
   S. 427): Beispiele sind Proportionen, Durchschnitte,
   Standardabweichungen und Korrelationen. So kann man
   etwa das durchschnittliche Alter einer Gruppe bestimmen,
   ihren Konsensus über irgendeine Meinung durch die Stan-

dardabweichung messen und das Ausmaß der Positions- bzw.
Rollendifferenzierung als Grad der Korrelation zwischen
verschiedenen Aktivitäten definieren (zum letzteren vgl.
James A. Davis 1961 [a,b]). Auch Statussequenzen im Sinne
R. K. M e r t o n s wären durch Korrelationen von Aktivitäten der gleichen Person über verschiedene Zeitein-
heiten messbar. Diese Aufzählung zeigt allein schon,
welch vielfältiger Art die möglichen mit Individualdaten durchzuführenden logisch-mathematischen Operationen
sind.
Es ist von Bedeutung festzuhalten, daß Durchschnitte und
Proportionen u.U. auf der individuellen und kollektiven
Ebene parallele Bedeutungen haben können, was im Rahmen
der <u>ökologischen Analyse</u> (§ 4.2) erhebliche Probleme
aufwirft. Diese treten bei analytischen kollektiven Eigenschaften wie Standardabweichungen und Korrelationen
nicht auf, da hier keine parallelen Bedeutungen möglich
sind.

b) <u>Strukturelle</u> kollektive <u>Eigenschaften</u> sind "properties
of collectives which are obtained by performing some
operation on data about the relations of each member to
some or all of the others"(P.F. Lazarsfeld und H. Menzel
1961, S. 428). Ein Beispiel wäre die Interaktionsstruktur einer Gruppe; weitere Beispiele werden uns noch im
Rahmen der Relationsanalyse (§ 2) begegnen, bei der dann
ebenfalls analog zu den analytischen Merkmalen deutlich
wird, wie groß die Zahl der verschiedenen Operationen
ist, mit deren Hilfe strukturelle Kollektivmerkmale konstruierbar und definierbar sind.

Es muß noch auf die Möglichkeit hingewiesen werden, durch
die gleichen Ausgangsdaten sowohl individuelle Akteure als
auch soziale Kollektive zu charakterisieren, deren Mitglieder die Individuen sind. Dies tritt vor allem bei einem Sonderfall der Kontexthypothesen, den sogenannten

<u>Gruppenkompositionshypothesen</u> auf, bei denen die Einheiten der Aussagen zwei verschiedenen Ebenen, nämlich der individuellen Akteure und der Kollektive entstammen, obwohl die Beobachtungen und Meßoperationen nur auf der einen Ebene der Individuen durchgeführt werden (<u>one level measurement</u>; s. § 3.2). Ein Beispiel wäre die Charakterisierung von Kollektiven aufgrund des Alters der einzelnen Mitglieder, indem man für jedes Kollektiv das Durchschnittsalter errechnet. Man hat dann ein absolutes Merkmal von Personen und ein durch Durchschnittsbildung konstruiertes analytisches Merkmal von Kollektiven. Da die verschiedenen Kollektive für die einzelnen Mitglieder wiederum ihren sozialen Kontext darstellen, wird jede Person in zweierlei Weise beschrieben:

a) durch ein <u>absolutes individuelles</u> Merkmal (= eigenes Alter);
b) durch ein <u>kontextuelles analytisches</u> Merkmal (= das Durchschnittsalter der Gruppe).

Aus dieser doppelten Charakterisierung erhält man in diesem Fall eine einfachere Form eines <u>komparativen individuellen Merkmals</u> (s. o. § 1.3) (= eigenes Alter, bezogen auf die Altersverteilung in der Gruppe).

1.5. <u>Zusammenfassung</u>

Fassen wir das bisher Gesagte zusammen, so können wir die <u>Merkmalsunterscheidungen für die Standardversion einer Zwei-Ebenen-Analyse</u> durch eine Matrix darstellen, deren eine Dimension durch die Extension der Prädikate konstituiert wird. Die andere Dimension klassifiziert Prädikate danach, ob sie ein- oder zweistellig sind. (Einstellige Prädikate, deren Extensionen Paare aus Individuen und Kollektiven sind, sind logisch unmöglich.)

Extensionen

Prädikate	Individuen	Kollektive	Individuen und Kollektive
ein-stellige	absolut	I. global II. konstruiert a) analytisch b) strukturell	----------
zwei-stellige	relational	I. global II. konstruiert	kontextuell komparativ

Eigenschaften, bei denen die Extensionen der betreffenden
Prädikate Klassen von individuellen Akteuren oder Klassen
von n-tupeln (speziell: Paaren) von individuellen Akteuren
sind, nennt man kurz "individuelle Eigenschaften" oder "individuelle Merkmale". Sind die Extensionen Klassen von Kollektiven, so spricht man von "kollektiven Eigenschaften"
oder "kollektiven Merkmalen". Da im Falle von Kontextanalysen als Einheiten der Analyse ebenfalls individuelle Akteure genommen werden, zählen wir die kontextuellen Merkmale
ebenfalls zu den Merkmalen von Individuen. Analog heissen
Beziehungen zwischen Merkmalen, die sich nur auf individuelle Akteure beziehen, "individuelle Beziehungen" und die
sie beschreibenden Aussagen Individualaussagen bzw. Aussagen "auf der Ebene von Individuen".Entsprechendes gilt
für "kollektive Beziehungen", Kollektivaussagen bzw. Aussagen "auf der Ebene von Kollektiven".

Es ist eine offene Frage, welche im Rahmen des <u>methodolo-
gischen Individualismus</u> und der <u>Reduktionismusthese</u> (vgl.
hierzu H.J. Hummell und K.D. Opp 1971) eine gewisse Rolle
spielt, ob sämtliche kollektiven Eigenschaften durch solche
von individuellen Akteuren definierbar sind, ob also die
Klasse der"globalen"Merkmale bei geeigneter Rekonstruktion
sich als leer erweist. Allerdings ist bei der Beantwortung
dieser Frage zweierlei zu beachten: 1. Bei der Konstruktion von kollektiven Eigenschaften aus individuellen können die verschiedensten Arten von logischen und mathematischen Operationen verwandt werden. 2. Individuelle Eigenschaften, die einer möglichen Definition zugrundeliegen,
werden hier sehr viel weiter als allgemein üblich aufgefaßt,
insbesondere gehören dazu relationale Eigenschaften von
Individuen. Aus diesen beiden Gründen haben wir auch Terme
wie "Aggregierung" oder "Aggregatdaten" nicht verwandt, da
diese nahelegen, als gäbe es nur eine Art - nämlich Durchschnittsbildung bzw. die äquivalente Form der Berechnung
von Proportionen -, aus Daten über Individuen Kollektivmerkmale zu gewinnen, wobei darüberhinaus zumeist auch
nur an absolute individuelle Merkmale gedacht wird. <u>Aggre-
gatdaten</u> wären in der hier eingeführten Terminologie kon-
struierte analytische Merkmale von Kollektiven, wobei als
Konstruktionsverfahren das der Durchschnittsbildung genommen wird.

2.   Die Analyse sozialer Relationen

Zwar gehört die Analyse sozialer Beziehungen spätestens seit
den Arbeiten von G. S i m m e l zu einem der wichtigsten
Interessengebiete der Soziologen, doch war sie in der Ver-
gangenheit häufig mehr spekulativer Art und stark an der
Phänomenologie orientiert. Dies wurde erst anders, als mit
der Soziometrie Verfahren entwickelt wurden, die Beziehungen einer Person zu bestimmten Partnern in objektiver Weise
zu erheben und analytisch zu verarbeiten. Hat man sich auch
von der ursprünglichen Beschränkung auf Relationen besonderer Art - der Sympathie und Antipathie - inzwischen freige-
macht und werden in der neueren "Gruppendynamik" Interaktionsbeziehungen, Kommunikationsbeziehungen, Machtbeziehungen u.ä.
behandelt, so sind die sozialen Einheiten, innerhalb deren
die verschiedensten Beziehungen studiert werden, immer noch
vor allem sog. kleine Gruppen, die darüberhinaus zumeist ad
hoc zum Zwecke der Untersuchung zusammengestellt werden.

Die sich parallel zu dieser stark experimentell oder quasi-
experimentell ausgerichteten Mikrosoziologie oder Sozialpsychologie zwischenmenschlicher Beziehungen entwickelnde,
unter soziologischen Aspekten betriebene Umfrageforschung
(survey research) hingegen blieb und ist weitgehend "ato-
mistisch". Die auch in der akademischen Sozialforschung
heute noch dominante Vorgehensweise besteht darin, aus einem Universum von Personen nach einem bestimmten Prinzip
einzelne Individuen unabhängig von dem sozialen Netzwerk,
in dem sie lokalisiert sind, auszuwählen und bei ihnen Merkmale zu erheben, die sich auf diese Individuen selbst beziehen. Typisch für eine solche atomistische Umfrageforschung
ist z.B. die Fragestellung, ob die Zugehörigkeit einer Person zu einer bestimmten sozialen Klasse die Wahl einer bestimmten Partei durch eben diese Person beeinflußt. Untersuchungseinheit ist das isolierte, etwa durch eine Lochkarte
repräsentierte Individuum,und "seine" Lochkarte vermittelt

im allgemeinen ausschließlich Informationen über dieses Individuum. Der soziale Kontext und die sozialen Beziehungen zu anderen Personen werden höchstens in der Form, in der sie durch das Individuum perzipiert werden, erhoben, so wenn man beispielsweise danach fragt, welche Partei von Freunden oder Arbeitskollegen gewählt wird. Auch wenn die Umfrageforschung, insbesondere im Vergleich zu experimentellen Anordnungen, gerne als eine typisch soziologische Vorgehensweise angesehen wird, sollte man sich doch darüber im klaren sein, daß gerade sie als Verfahren der Datenerhebung und -analyse mit einem theoretischen Ansatz kongruent ist, bei dem die Gefahr besteht, daß er seinen Gegenstand in schon fast psychologistisch zu nennender Weise verkürzt. Zwar wollen wir zugestehen, daß beim jeweiligen Akteur erhobene Merkmale wie z.B. die durch den Beruf des Vaters indizierte soziale Herkunft u.a. "kontextueller Art" sein können, aber doch nur in einem trivialen Sinne. Denn abgesehen davon, daß viele solcher "Kontextmerkmale" nur Namen von Kollektiven sind, ohne relevante Eigenschaften zu spezifizieren, sind sie i.a. keine mehrstelligen Prädikate: Subjekte von Relations- oder Kontextaussagen sind jedoch n-tupel (mindestens Paare) von Einheiten. Und wenn z.B. in solche Aussagen Eigenschaften der Interaktionspartner oder Kontexte eingehen, dann sollten sie auch für die jeweiligen Träger,denen diese Eigenschaften zugeschrieben werden, in objektiver Weise festgestellt werden. Schließlich ist zu bedenken, daß nicht jedes Aggregat oder jede soziale Kategorie schon ein Interaktionssystem und damit ein möglicher sozialer Kontext ist.

Das an sich naheliegende Eingehen auf Fragestellungen der Gruppendynamik und die sich daraus ergebende Notwendigkeit der Berücksichtigung sozialer Relationen innerhalb der Umfrageforschung wurde erst in den 50er Jahren angebahnt, vor allem in den Arbeiten des Bureau of Applied Social Research der Columbia University, New York (z.B. E. Katz und P.F. Lazarsfeld 1955; P.F. Lazarsfeld und R.K. Merton 1955;

J.S. Coleman 1961[b]; J.S. Coleman, E. Katz und H. Menzel
1966).

Eine solche Verschmelzung zweier Forschungstraditionen setzt
zweierlei voraus: die Verwendung besonderer Auswahlverfahren,
welche die untersuchten Akteure nicht mehr aus ihren sozialen
Netzwerken herausreißen und die Entwicklung bestimmter formaler Methoden zur Darstellung und Analyse dieser Netzwerke,
insbesondere dann, wenn sie dem Umfang nach relativ groß
sind.

Neu an diesen Studien ist, daß gewissermassen nicht mehr das
einzelne Individuum, sondern ganze Gruppen oder allgemeiner
<u>Netzwerke sozialer Beziehungen Einheiten der Analyse und
Forschungshypothesen</u> sind. Dieser veränderten Situation entsprechend ist der Forschungsplan angelegt und wird das Auswahlverfahren bestimmt. Für das Erhebungsinstrument bedeutet dies, daß man im Rahmen der üblichen Interviews eine
Reihe soziometrischer Fragen (im weitesten Sinne) stellt, um
auf diese Weise die tatsächlichen Interaktionspartner identifizieren zu können, die man dann ebenfalls interviewt.

Beispielsweise wurden in einer Studie den Ärzten einer deut-
schen Universitätsstadt (H. Kaupen-Haas 1969; H.J. Hummell,
W. Kaupen und H. Kaupen-Haas 1968) Fragen der folgenden Art
vorgelegt: a) Wer sind die drei Kollegen, mit denen man am
häufigsten Erfahrungen austauscht? b) Mit welchen drei Ärzten hat man privat am meisten Kontakt? c) Welcher der Kollegen übernimmt die Urlaubsvertretung? Da den Interviewten
eine Liste mit sämtlichen durch Ziffern gekennzeichneten
Ärzten der gleichen Stadt vorgelegt und die angegebenen Ziffern verkodet wurden, und da weiterhin <u>alle</u> Ärzte interviewt
wurden, hatte man die gleichen Informationen sowohl von den
"Wählern" als auch den "Gewählten". Darüberhinaus standen
für einen bestimmten Zeitraum objektive Unterlagen darüber
zur Verfügung, welcher Arzt an welchen Kollegen wieviele

Patienten überwiesen hatte. Man besaß also Informationen über vier verschiedene Netzwerke von Beziehungen für eine bestimmte Ärzteschaft.

Die Relationsanalyse ist jedoch nicht auf die <u>Beziehungen zwischen Personen in gleicher Position</u> und mit gleicher Rolle beschränkt (Beispiele: Relationen zwischen Ärzten; zwischen Schülern). Gegenstand können auch <u>Relationsnetze</u> sein, in denen <u>Personen in verschiedenen Positionen</u> einen einheitlichen Interaktionszusammenhang bilden. Die <u>Untersuchungseinheit</u> besteht dann nicht mehr aus "Klumpen" von Personen mit gleichen Merkmalen (z.B. Ärzten), sondern aus "<u>role sets</u>", mit anderen Worten: aus "sozialen Systemen", wenn man es als ein wesentliches Kriterium sozialer Systeme ansieht, daß die Elemente differenziert sind. (Beispiel wäre eine schulsoziologische Studie, in der die Untersuchungseinheit aus einem komplexen Interaktionssystem, bestehend aus den Schülern einer Schulklasse, ihren Lehrern und ihren Eltern, gebildet wird. Um Aussagen, die das System und seine verschiedensten Bestandteile – Lehrerkollegium, Elternschaft, Schulklasse, Cliquen, Freundschaftspaare, einzelne Personen – beschreiben, testen zu können, müßten von solchen sozialen Systemen eine größere Zahl ausgewählt werden.)

Was die <u>Auswahlverfahren</u> anbetrifft, so sind im Falle der Relationsanalyse i.a. eines der folgenden zu verwenden (J.S. Coleman 1957/58):

1. "<u>Schneeball</u>"-Auswahl (snowball-sampling): Man trifft zunächst eine repräsentative Auswahl unter den individuellen Akteuren, stellt bei diesen die Namen derjenigen fest, mit denen sie in der spezifizierten Beziehung stehen, und führt eine weitere Erhebung bei den Partnern durch, welche man wiederum nach ihren Interaktionspartnern fragen kann;

2. "<u>Sättigungs</u>"-Auswahl (saturation sampling): Man erhebt die Daten bei <u>allen</u> Personen innerhalb des relevanten Kollektivs (Totalerhebung);

3. "<u>Dichte</u>"-Auswahl (dense sampling): Ein Kompromiß zwischen der Totalerhebung aller Personen und der üblichen Form des weit streuenden Samples, in welchem auf jede soziale Einheit nur ganz wenige Personen entfallen.

Gekoppelt werden sollten diese drei Auswahlverfahren mit der 4. <u>mehrstufigen Auswahl</u>: Hier wählt man nicht in einem Durchgang sämtliche zu untersuchenden Akteure aus einem Universum aus, das beispielsweise durch einen Nationalstaat gebildet wird, sondern man sampelt zunächst bestimmte soziale Einheiten - etwa Gemeinden, dann innerhalb der Gemeinden Betriebe u.ä. -, um schließlich innerhalb der letzten sozialen Einheit noch durch totales oder dichtes Auswählen genügend Personen zur Verfügung zu haben, um den einzelnen Relationen nachgehen zu können. Der Auswahlplan versucht hier gewissermaßen der Hierarchie sozialer Einheiten verschiedener Ordnung zu folgen.

Bewegt man sich bei der Analyse auf der Ebene der individuellen Akteure, so können zwei Aspekte des jeweiligen Netzwerkes in unterschiedlicher Weise thematisch werden: a) Die Tatsache, daß es sich dabei um eine <u>Menge von Relationen</u> handelt, beispielsweise zweistellige Relationen der Interaktion oder Kommunikation; b) Die Tatsache, daß die einzelnen Relationen ein System bilden, d.h. so miteinander verkettet sind, daß das ganze <u>Netzwerk als eine Einheit</u>, nämlich als komplexe <u>n-stellige Relation</u>, aufgefaßt werden kann. (Letzteres wird deutlich beim Begriff der mehrstufigen Beziehungen - s.u. § 2.2.1 -, der als Verkettung von einstufigen Beziehungen definiert wird.)

Steht der erstere der beiden Aspekte im Vordergrund der Betrachtung, würde es sich um eine <u>Relationsanalyse</u> im strengen Sinne handeln: <u>Einheiten</u> der Untersuchung sind die in der verschiedensten Weise zu charakterisierenden <u>Beziehungen</u> zwischen Akteuren (Analyse von Dyaden, Triaden usw.; s. § 2.1).- Betont man hingegen den zweiten Aspekt, so setzt man individuelle Akteure und Eigenschaften des totalen Netzwerkes, dessen Mitglieder sie sind, in Beziehung: es läge eine <u>Kontextanalyse</u> vor, wobei als Kontextmerkmal eine strukturelle Eigenschaft des Kollektivs auftritt: <u>Einheiten der Untersuchung sind <u>Paare von individuellen Akteuren und Kontexten.</u>

Hier tritt nun die Schwierigkeit auf, daß im Falle einer Relationsanalyse, in der die untersuchten Beziehungen Bestandteile des gleichen Netzwerkes sind, die einzelnen Beobachtungen nicht unabhängig voneinander sind. Da die einzelnen Relationen des gleichen Netzwerkes interdependent sind, bilden sie keine unabhängigen Replikationen eines für Relationen bestimmter Art gültigen Kausalprozesses. (Dies ist im übrigen keine Frage des adäquaten Auswahlverfahrens, sondern selbst im Falle einer totalen Auswahl kann man die Gesamtheit nicht auffassen als Vielzahl unabhängiger Replikationen von Sozialbeziehungen, sondern als ein soziales System bestehend aus einem Netzwerk verketteter Relationen). So handelt es sich bei der <u>Analyse der Relationen des gleichen Netzwerkes nicht</u> um eine <u>statistische Analyse einer Vielzahl von Fällen,</u> sondern um eine <u>Einzelfallstudie eines sozialen Systems interdependenter Einheiten</u>, und zwar speziell in dem Sinne einer <u>strukturellen Analyse</u>, da das betreffende <u>Kollektiv durch die Art der Verteilung der Relationen charakterisiert</u> wird.

Für das Beispiel der erwähnten Arzt-Studie bedeutet dies, daß die gleichzeitige Betrachtung von Paaren daraufhin, ob der eine Arzt an den anderen Patienten überweist bzw. als

Partner für den Austausch von Erfahrungen oder private Kontakte "wählt" (H.J.Hummell, W.Kaupen und H.Kaupen-Haas 1968), nur konstruiert werden kann als Einzelfallstudie über den Zusammenhang von Systemen der Überweisungsbeziehungen bzw. des Erfahrungsaustausches oder privater Kontakte in einer bestimmten Population von Ärzten. Zum Test der Forschungshypothesen über die vermuteten Zusammenhänge zwischen verschiedenen Netzwerken wären eine Vielzahl solcher Kollektive erforderlich.

Zur Beschreibung von Relationsgefügen stehen in den Kalkülen der Graphentheorie und Matrixalgebra geeignete technische Hilfsmittel zur Verfügung (s. u.a. C. Berge 1958; D. Cartwright 1959; C. Flament 1965; F. Harary 1965, 1969; F. Harary, R. Z. Norman und D. Cartwright 1965; O. Ore 1963; vgl. auch die Übersicht über soziologische Anwendungsmöglichkeiten von H. Lenk 1969). Der Gebrauch von formalen Methoden wird dann unumgänglich, wenn die zu analysierenden Kollektive aus einer Vielzahl von Akteuren bestehen, zwischen denen darüberhinaus mehrere Arten von Beziehungen bestehen können, so daß die Inspektion von graphischen Darstellungen und Tabellen nicht mehr weiterhilft. Außerdem sind in der Sprache der Kalküle u.U. Algorithmen formulierbar, d.h. Verfahrensregeln, die für bestimmte Klassen von Problemen in einer endlichen Zahl von Schritten zu einem eindeutig determinierten Ergebnis führen.

Die Möglichkeit der Verwendung der beiden genannten Kalküle ist deshalb gegeben, weil man bestimmten soziologischen Begriffen Konzepte der Graphentheorie zuordnen kann und endliche Graphen wiederum eindeutig durch ihre zugeordneten Matrizen vollständig charakterisierbar sind. So werden dann soziologische Aussagen in der Sprache der Graphentheorie oder Matrixalgebra formulierbar, und da letztere als Kalküle ausgearbeitet vorliegen, können die soziologischen Aussagen in mehr oder weniger routinemäßiger Weise zu anderen

Aussagen von teilweise höchst komplexer Art transformiert werden. Ob aber gerade diejenigen Aspekte von Relationsnetzen, die in den beiden Kalkülen ausdrückbar sind, auch die theoretisch relevanten sind, ob es also neben der Deskription von jeweils empirisch vorgefundenen Relationsnetzen auch gehaltvolle generelle Theorien, die in der Sprache der Graphentheorie formulierbar sind, geben wird, ist offen; einige Ansätze liegen jedoch schon vor (D. Cartwright und F. Harary 1956; F. Harary 1959[a]; P. Abell 1968).

Im folgenden sollen einige Hinweise gegeben werden, welche speziellen Techniken der Relationsanalyse relevant sein können, auch wenn es nicht möglich sein wird, sämtliche verschiedenen Verfahren im einzelnen zu diskutieren. Folgende Aspekte sollen Beachtung finden: Die Analyse von Paaren; die Beschreibung ganzer Netzwerke mit Hilfe von Graphentheorie und Matrixalgebra; die Identifikation von Teilsystemen bestimmter Art innerhalb solcher Netzwerke; die Charakterisierung einzelner Personen aufgrund der sozialen Relationen, in denen sie involviert sind.

2.1. <u>Paar-Analyse</u>

Eine sehr elementare Form der Relationsanalyse ist die Analyse von Paaren von Personen (pair analysis), über welche schon implizit wichtiges gesagt wurde. Einheiten sind hier nicht bestimmte Personen a oder b, sondern Paare der Art (a,b), die z.B. dadurch definiert sind, daß der Arzt a mit seinem Kollegen b besonders häufigen Kontakt hat.

Denkt man gewissermaßen in Lochkarten als Einheiten, die bei der praktischen Durchführung der Analyse zu verarbeiten sind, dann kann man sich eine Paaranalyse technisch so vorstellen, daß man aufgrund der entsprechenden soziometrischen Frage aus der Lochkarte für a und aus der für b eine neue

Lochkarte erzeugt, die relevante Informationen sowohl von
a als auch von b festhält. Diese neue Lochkarte für das Paar
(a,b) kann nun zusammen mit anderen Lochkarten für andere
Paare genauso verarbeitet werden wie sonst für isolierte
Personen.

Als typisches Beispiel könnte die Bestimmung der <u>Homogenität
sozialer Beziehungen</u> in Bezug auf bestimmte sozial relevante
Merkmale angesehen werden (z.B. J.S. Coleman, E. Katz und
H. Menzel 1966, Kap. 8, 10, App. E): Paare von interagieren-
den Personen können in Form einer Vierfeldertabelle danach
klassifiziert werden, ob beide Partner, nur einer oder keiner von beiden eine sozial relevante Eigenschaft besitzen.
Abweichend von der herkömmlichen Form der Verwendung von
Kontingenztabellen sind die Eingänge also Paare von Personen und nicht einzelne Akteure! Es empfiehlt sich, zu ihrer
Charakterisierung nicht die üblichen Assoziationsmasse zu verwenden, sondern spezielle Indizes zu konstruieren, in denen
die empirische Verteilung bezogen wird auf die Verteilung,
die zu erwarten wäre, wenn für die "Wahlen" der Akteure die
jeweilige Zugehörigkeit zu einer der beiden Klassen oder
Kategorien, die durch die Abwesenheit oder Anwesenheit des
betreffenden Merkmals definiert werden, irrelevant wären,
was natürlich eine Abgrenzung des Kollektivs, innerhalb dessen die "Wahlen" vorgenommen werden, voraussetzt. Mögliche
Ergebnisse dieser Vorgehensweise sind formulierbar als Aussagen der Art, daß eine bestimmte Relation bezüglich eines
Merkmals homogener ist als eine andere Relation oder daß die
Homogenität einer Relation bezüglich eines Merkmals größer
ist als bezüglich eines anderen usw. Entscheidend hierbei
ist, daß die <u>Subjekte solcher Aussagen nicht einzelne Personen sind, sondern soziale Relationen.</u>

2.2. Einige graphentheoretische Konzepte zur Beschreibung von Aspekten sozialer Netzwerke

Soziale Netzwerke sind Mengen von Beziehungen zwischen Akteuren, die zu einer komplexen Relation verkettet sind. Dabei wird im folgenden immer vorausgesetzt, daß es sich bei den zugrundeliegenden Beziehungen um zwei-stellige handelt: für jeweils Paare von Personen (und nicht Tripel, Quadrupel usw.) kann entschieden werden, ob sie in der betreffenden Beziehung stehen oder nicht (in extensionaler Sprache: ob das Paar zur Relation gehört oder nicht).

Beschränkt man sich auf eine einzige Beziehung R (es sei offen gelassen, ob es sich hierbei um eine Interaktionsbeziehung, Machtbeziehung, Beziehung des "soziometrischen Wählens" o.ä. handelt), dann sind sämtliche Informationen über ein durch R "geordnetes" Kollektiv K – sagen wir eine Gruppe – gegeben, wenn man einmal durch Aufzählung oder Angabe einer zu erfüllenden Bedingung die Menge der Elemente, die zu K gehören (die "Mitglieder" von K), definiert und zum anderen angibt, welche Paare von Elementen zu R gehören ("welche Mitglieder in den betreffenden Beziehungen stehen").

Ein <u>Graph</u> G ist ein <u>Paar</u> G = (K,R), bestehend aus einer <u>Menge</u> K – deren Elemente a_1, a_2, a_3, ... <u>Punkte</u> genannt werden – und einer <u>Teilmenge R des kartesischen Produktes</u> K x K – d.h. <u>einer Menge</u> von als <u>Linien</u> oder <u>Pfeile</u> bezeichneten <u>Paaren von Punkten</u> (a_i, a_j) –. (Unter dem kartesischen Produkt K x K versteht man die Menge <u>aller</u> Paare, die aus den Elementen von K gebildet werden können.)

Da den Punkten des Graphen Personen und den Pfeilen soziale Beziehungen bestimmter Art zugeordnet werden können, kann man empirisch gegebene soziale Netzwerke als Interpretationen von Graphen auffassen. Beispielsweise ist eine Gruppe G (im Sinne der Soziologie) nichts anderes als ein Paar

G = (K,R), bestehend aus einer Menge von Akteuren und einer
auf dieser Menge "definierten" Interaktionsrelation. Wegen
dieser formalen Gleichheit der Definitionen von Graphen und
Gruppen (im weitesten Sinne als Netzwerke) können wir im folgenden alternativ die abstrakte graphentheoretische Terminologie oder speziell inhaltliche Deutungen verwenden, ohne
Variationen der Sprechweise immer besonders kenntlich machen
zu müssen. Für sämtliche Argumente sind nämlich nur die jeweils explizit aufgeführten formalen Eigenschaften der zugrundegelegten Menge und Relationen relevant, nicht jedoch
darüberhinausgehende spezielle inhaltliche Eigenschaften.

Endliche Graphen können in der in der Soziometrie als <u>Sozio-
gramm</u> bekannten Weise durch Pfeilfiguren dargestellt werden.
Aus der Soziometrie bekannt ist auch die Darstellbarkeit von
Relationsgefügen durch <u>Soziomatrizen</u>. Allgemein gilt: jedem
endlichen Graphen entspricht in eindeutiger Weise eine Matrix M (sog. assoziierte Matrix): dabei hat in M der Eingang (i,j) den Wert 1, genau dann wenn das Paar (a_i, a_j) ein
Pfeil ist (wenn die Person a_i zu a_j in der spezifizierten
Beziehung steht). Ist die Relation R nicht symmetrisch, so
wird der Graph G = (K,R) auch <u>gerichteter Graph</u> genannt, die
Elemente von R heißen dann speziell <u>Pfeile</u>. Ist R hingegen
symmetrisch, so wird (K,R) <u>linearer Graph</u> genannt. Dabei ist
eine Relation genau dann symmetrisch, wenn für alle Paare
(x,y) gilt: (x,y) gehört genau dann zu R, wenn auch (y,x) zu
R gehört. Symmetrische Relationen drücken sich dadurch aus,
daß in den sie beschreibenden Matrizen die Eingänge jeweils
zur Diagonalen symmetrisch sind. Da in den graphischen Darstellungen Pfeile für zwei Punkte immer in jeweils beiden
Richtungen verlaufen, reichen zur Darstellung einer symmetrischen Beziehung einfache Linien ohne Pfeilspitzen aus.
Im folgenden soll immer von gerichteten Graphen ausgegangen
werden, da lineare Graphen nur Spezialfälle sind.

Betrachten wir folgendes __Beispiel__: Die zugrundeliegende Menge (das Kollektiv K) bestehe aus acht Punkten (Personen):

$$K = \{A, B, C, D, E, F, G, H\}$$

Die Menge R von Pfeilen (gerichteten Beziehungen) sei in folgender Weise gegeben:

$$R = \{(A,B), (B,A), (A,C), (C,A), (B,C), (C,B),$$
$$(D,B), (D,G), (E,D), (E,F), (F,E), (F,G),$$
$$(G,E), (G,H), (H,G), (H,F)\}$$

Da z.B. (G,E) zu R gehört, aber nicht (E,G) – was bedeutet, daß Person G mit E kommunizieren kann, ihn wählt, dominiert, aber nicht umgekehrt – ist R nicht eine symmetrische Relation.

Das Paar (K,R) bildet den Graphen (die Gruppe) G, der durch eine Pfeilfigur bzw. deren assoziierter Matrix M folgendermaßen darstellbar ist:

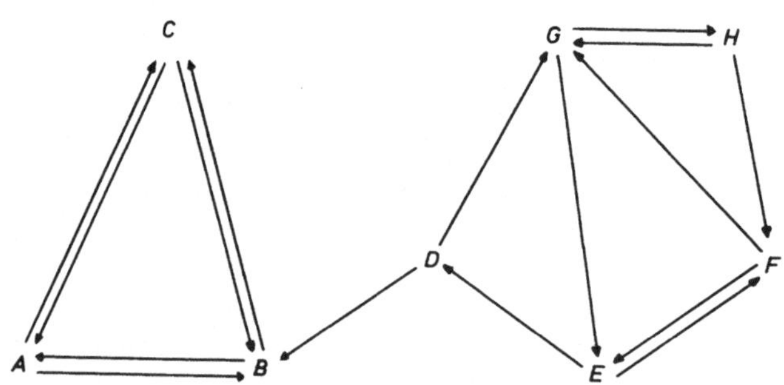

Abb. 1 Pfeilfigur des Graphen bzw.
der Gruppe G = (K,R)

	A	B	C	D	E	F	G	H
A	-	1	1					
B	1	-	1					
C	1	1	-					
D		1		-			1	
E				1	-	1		
F					1	-	1	
G					1		-	1
H						1	1	-

Abb. 2   Matrix M zu G = (K,R)

Während G ein gerichteter Graph ist, ist der <u>Teilgraph</u> G' =
= (K',R') ein linearer Graph; hierbei ist K' eine Teilmenge
von K, die aus den Punkten A, B und C besteht, und R' ist
eine Teilmenge von R, bestehend aus den Paaren (A,B), (B,A),
(A,C), (C,A), (B,C), (C,B). Der zu G' gehörende relevante
Teil der Pfeilfigur besteht aus den drei durch Doppelpfeile
miteinander verbundenen Punkten A, B und C. Der relevante
Ausschnitt der Matrix M ist schließlich symmetrisch.

2.2.1. <u>Mehrstufige Beziehungen: Pfade und Zyklen</u>

Auch wenn der Eingang (i,j) der dem Graphen assoziierten Matrix M den Wert Null aufweist, was bedeutet, daß das Paar
(a_i, a_j) R nicht erfüllt (keine Beziehung von a_i nach a_j besteht), kann zwischen beiden Punkten eine "indirekte" Beziehung bestehen, die durch einen Punkt a_k vermittelt wird.
Genauer: Gibt es einen Punkt a_k, so daß gilt (a_i, a_k) und
(a_k, a_j) gehören zu R, dann sagt man, es besteht zwischen den
Punkten a_i und a_j eine "<u>zwei-stufige</u>" <u>Beziehung</u> oder ein
<u>Pfad der Länge 2</u>. Die durch M oder den Graphen dargestellten
Beziehungen heißen "ein-stufig" oder "direkt".

Da die hier relevanten Matrizen quadratisch sind, ist ihre Multiplikation möglich. Quadriert man nun M, so erhält man eine neue Matrix M^2 mit folgender Eigenschaft: der Eingang für (i,j) ist genau dann von Null verschieden, wenn es für das Personenpaar aus a_i und a_j mindestens eine dritte Person a_k gibt, so daß erstens gilt: a_i "wählt" a_k und zweitens: a_k "wählt" a_j; a_i kann gewissermaßen a_j über a_k in zwei Schritten "erreichen".

Im Falle der üblichen Matrizenmultiplikation können die Eingänge der quadrierten Matrix größer als 1 sein, und zwar immer dann, wenn es mehrere solcher dritten Personen gibt, die eine zweistufige Beziehung vermitteln. Der numerische Wert des Feldes (i,j) von M^2 gibt dann an, wieviel zweistufige Beziehungen zwischen a_i und a_j bestehen.

Läßt man die Eingänge der quadrierten Matrix alternativ nur die beiden Werte 0 und 1 annehmen, entnimmt man M^2 nur, ob überhaupt eine zweistufige Beziehung besteht, nicht jedoch, wie groß deren Zahl ist. - Allgemein heißen Matrizen mit den möglichen Eingängen 0 und 1 <u>Boole-Matrizen</u>; wenn man Multiplikation und Addition in folgender Weise erklärt, erhält man nach Ausführung dieser Operationen immer wieder Boole-Matrizen: Der Eingang (i,j) des Produktes M x N der beiden Matrizen M und N hat genau dann den Wert 1, wenn es <u>mindestens</u> ein k gibt, so daß in M das Feld (i,k) <u>und</u> in N das Feld (k,j) den Wert 1 besitzen; das Feld (i,j) der Summe M + N der beiden Matrizen M und N hat genau dann den Wert 1, wenn der Eingang (i,j) von M <u>oder</u> der Eingang (i,j) von N den Wert 1 annehmen. In den anderen Fällen sind die Eingänge des Produktes oder der Summe von M und N gleich 0. Generell muß natürlich vorausgesetzt werden, daß die Abmessungen der Matrizen M und N verträglich sind. Im übrigen erhält man aus den normalen Matrizenprodukten und -summen immer die Matrizen der entsprechenden Boole-schen Operationen, indem man einfach alle von Null verschiedenen Eingänge durch den Wert 1 ersetzt.

Gemäß der erläuterten Addition von Boole-Matrizen ist in der Matrixsumme $M + M^2$ genau dann der Eingang (i,j) gleich 1, wenn zwischen den Personen a_i und a_j eine einstufige oder eine zweistufige Beziehung besteht, wenn es also einen sie verbindenden Pfad gibt, der maximal von der Länge 2 ist. (Für die oben erwähnte Beispielsgruppe $G = (K,R)$ sind in den Abb.n 3 und 4 die quadratische M^2 und die Boole-Matrix der Summe $M + M^2$ aufgeführt.)

Aus der durch Multiplikation der Ausgangsmatrix M mit M^2 gewonnenen Matrix M^3 sind für die Personenpaare die dreistufigen Beziehungen ersichtlich: der Eingang (i,j) der kubierten Matrix hat genau dann einen positiven Wert, wenn es mindestens zwei Personen a_k und a_l gibt, so daß folgende Bedingungen erfüllt sind: 1. a_i "wählt" a_k; 2. a_k "wählt" a_l und 3. a_l "wählt" a_j. (Vgl. auch Abb. 5)

<u>Allgemein</u>: Mit einer zur p-ten Potenz erhobenen Matrix der direkten Beziehungen M erhält man die Matrix M^p der p-stufigen Beziehungen für beliebige Paare von Personen. Dabei gibt im Falle der normalen (d.h. nicht Booleschen) Multiplikation der Wert eines Eingangs in M^p die Zahl der Pfade mit der Länge p für das betreffende Paar an. (Bei höheren Matrixpotenzen ist zu beachten, daß auch solche Pfade gezählt werden, die bestimmte Punkte mehrmals durchlaufen. So entnimmt man Abb. 5 z.B. für den Eingang von (A,B) den Wert 3, was bedeutet, daß bei der Zählung folgende Pfade berücksichtigt werden: (A,B,A,B), (A,C,A,B) und (A,B,C,B). Es gibt jedoch Möglichkeiten, diese Zählung von "überflüssigen" Pfaden zu vermeiden.)

Den Eingängen von $M + M^2 + M^3 + \ldots + M^p$ entnimmt man entsprechend, ob zwischen den betreffenden Paaren überhaupt ein Pfad besteht, dessen Länge höchstens p beträgt.

	A	B	C	D	E	F	G	H
A	2	1	1	0	0	0	0	0
B	1	2	1	0	0	0	0	0
C	1	1	2	0	0	0	0	0
D	1	0	1	0	1	0	0	1
E	0	1	0	0	1	0	2	0
F	0	0	0	1	1	1	0	1
G	0	0	0	1	0	2	1	0
H	0	0	0	0	2	0	1	1

Abb. 3   Matrix M^2 von G = (K,R)

1	1	1	0	0	0	0	0
1	1	1	0	0	0	0	0
1	1	1	0	0	0	0	0
1	1	1	0	1	0	1	1
0	1	0	1	1	1	1	0
0	0	0	1	1	1	1	0
0	0	0	1	1	1	1	0
0	0	0	0	1	1	1	1

Abb. 4   Boole'sche Matrix $M + M^2$
zu G = (K,R)

2	3	3	0	0	0	0	0
3	2	3	0	0	0	0	0
3	3	2	0	0	0	0	0
1	2	1	1	0	2	1	0
1	0	1	1	2	1	0	2
0	1	0	1	1	2	3	0
0	0	0	0	3	0	3	1
0	0	0	2	1	3	1	1

Abb. 5   Matrix M^3 der dreistufigen
Beziehungen für G = (K,R)

Es ist weder notwendig noch sinnvoll, die Matrizenmultiplikation unbegrenzt fortzuführen, sondern maximal bis M^n (wobei n die Zahl der Punkte oder Gruppenmitglieder ist). Der maximal längste Pfad zwischen zwei verschiedenen Personen, der keine Person mehrmals berührt, ist nämlich derjenige, der alle Personen der Gruppe berührt; dieser hat die Länge n-1. Soll die Länge eines Pfades um 1 größer sein und keine Person mehrmals berühren, dann muß er notwendig zur Ausgangsperson zurückkehren. Pfade, deren Anfangs- und Endpunkt identisch sind, heißen <u>Zyklen</u>.

Während die Felder der Hauptdiagonalen von M i.a. nur Eingänge im Werte von Null haben, können deren Werte im Falle von M^2 positiv sein. Dies bedeutet dann, daß eine Person in einer zweistufigen Beziehung zu sich selbst steht, was wiederum heißt, daß es für a_i eine Person a_j gibt, so daß a_i a_j "wählt" und a_j umgekehrt a_i "wählt". Mit anderen Worten: a_i und a_j bilden ein Paar, das sich gegenseitig wählt. Mit einem Blick auf die Diagonaleingänge von M^2 erfährt man also die Zahl der <u>reziproken Beziehungen</u>. So stellt man aufgrund von Abb. 3 fest, daß in unserer Beispielsgruppe A, B und C Mitglieder von jeweils zwei reziproken und E,F , G und H Mitglieder von jeweils einer reziproken Beziehung sind.

In analoger Weise geben die Werte der Diagonaleingänge der kubierten Matrix M^3 für jede Person an, in wieviel <u>Triaden</u> sie Mitglied ist, wobei graphentheoretisch eine Triade ein Zyklus, also ein Pfad mit gleichem Anfangs- und Endpunkt, von der Länge 3 ist. Für die Beispielsgruppe entnimmt man Abb. 5 , daß G Mitglied von drei Triaden ist, welche durch die Mengen von Personen $\{G,E,D\}$, $\{G,E,F\}$ und $\{G,H,F\}$ gebildet werden. (Bei den Diagonaleingängen für A, B und C liegen die "überflüssigen" Pfade vor.)

2.2.2. <u>Distanzen und Erreichbarkeit</u>

Kann eine Person a_i in einer Gruppe indirekt oder direkt
eine zweite Person a_j erreichen und ist dies auf verschiedene Weise, d.h. über verschiedene Mengen von vermittelnden
Personen möglich, heißt dies, daß es im Graphen $G = (K,R)$
von a_i nach a_j verschiedene Pfade gibt, die u.U. auch unterschiedliche Längen haben können. Unter der <u>Distanz</u> $d(a_i,a_j)$
wird die Länge des kürzesten Pfades von a_i nach a_j verstan-
den. Die graphentheoretische Distanz ist nicht symmetrisch,
d.h. die Länge des kürzesten Pfades von a_i nach a_j kann ungleich der Länge des kürzesten Pfades in der umgekehrten
Richtung sein, sofern überhaupt solche Pfade existieren.

Die Distanzen für beliebige Personenpaare werden in der <u>Dis-
tanzmatrix</u> D dargestellt (s. Abb.6 für D von $G = (K,R)$).
Die Eingänge der Hauptdiagonalen von D werden definitorisch
gleich Null gesetzt: die Distanz jeder Person zu sich selbst
ist gleich Null. Die Werte der übrigen Eingänge von D erhält man aus der Folge der Matrizenpotenzen M, M^2, M^3...M^{n-1},
indem man für ein Paar (a_i,a_j) als Distanz den Wert k der
Potenz M^k nimmt, bei der in M^k zum ersten Mal für den Eingang (i,j) ein von Null verschiedener Wert auftritt. Dementsprechend ist in unserem Beispiel $d(A,C) = 1$, da von A nach
C eine direkte Beziehung existiert. Für die Distanz von D
nach F gilt: $d(D,F) = 3$, d.h. der kürzeste Pfad, der diese
beiden Punkte in der gegebenen Richtung verbindet, hat die
Länge 3. Daher ist auch der Wert des Eingangs für (D,F) in
M und M^2 gleich Null und zum ersten Mal in M^3 ungleich Null.

Die letzte der bei der Bestimmung der Distanzen zu berück-
sichtigenden Potenzen von M ist M^{n-1}, da in einem Graphen
der längst mögliche Pfad, der durch alle Punkte nur einmal
gehr, die Länge n-1 hat. Sollten sich auch in der zur n-1-
ten Potenz erhobenen Beziehungsmatrix und in allen niedrigeren Potenzen für einen Eingang (i,j) nur Werte von Null

45

finden, heißt dies, daß von a_i nach a_j weder eine einstufige noch eine zweistufige ... noch eine n-1-stufige Beziehung besteht: man kann von a_i nach a_j nicht gelangen; die Distanz ist sozusagen unendlich groß und man setzt in diesem Fall $d(a_i, a_j) = \infty$. (In unserem Beispiel sind alle Distanzen von A, B oder C zu den restlichen Punkten gleich ∞ .)

	A	B	C	D	E	F	G	H
A	0	1	1	∞	∞	∞	∞	∞
B	1	0	1	∞	∞	∞	∞	∞
C	1	1	0	∞	∞	∞	∞	∞
D	2	1	2	0	2	3	1	2
E	3	2	3	1	0	1	2	3
F	4	3	4	2	1	0	1	2
G	4	3	4	2	1	2	0	1
H	5	4	5	3	2	1	1	0

Abb. 6   Matrix D der Distanzen
für   G = (K,R)

Neben der Distanzmatrix kann man einem Graphen eine <u>Erreichbarkeitsmatrix</u> E (reachability matrix) zuordnen. Diese gibt an, ob es zwischen zwei Punkten a_i und a_j überhaupt einen Pfad gibt, welcher maximal eine Länge von n-1 haben kann. Ein Wert von 1 für den Eingang (i,j) in E ist also dann gegeben, wenn man "letztlich" (in maximal n-1 Schritten) von a_i nach a_j gelangen kann.   Da jede Person sich selbst erreichen kann, hat die Diagonale von E alles Eingänge im Werte von 1. Eine mögliche Konstruktion der Erreichbarkeitsmatrix bestünde darin, daß man in E einen Eingang gleich 1 setzt, wenn der betreffende Eingang in D positiv oder Null ist. Einem Wert von ∞ in D würde in E ein Eingang mit dem Wert Null entsprechen. (Es gibt weitere Möglichkeiten der Bestimmung von E, die nicht eine vorherige Konstruktion von D voraussetzen.)

2.2.3. <u>Grade der Verbundenheit von Netzwerken</u>

Mit Hilfe bestimmter formaler Eigenschaften der Distanzmatrix D oder der Erreichbarkeitsmatrix E lassen sich verschiedene Arten und Grade der <u>Konnektivität</u> eines Graphen und damit der Verbundenheit sozialer Netzwerke unterscheiden und definieren.

a) Ein Graph ist <u>völlig verbunden</u> (completely connected), wenn es für jedes beliebige Paar von Punkten einen direkten Pfeil in beiden Richtungen gibt. Jede Person einer völlig verbundenen Gruppe kann mit jeder anderen Person direkt in Beziehung treten; sie benötigt dazu nicht die Vermittlung dritter Personen: die Distanz zwischen allen Paaren verschiedener Personen ist 1. (Im Beispiel ist der Teilgraph, der durch die Menge $\{A,B,C\}$ definiert wird, völlig verbunden).

b) Ein Graph ist <u>stark verbunden</u> (strongly connected), wenn es für jedes Paar (a_i,a_j) sowohl einen Pfad von a_i nach a_j als auch einen Pfad von a_j nach a_i gibt. Im Falle einer Gruppe kann jede Person jede andere erreichen, wenn auch u.U. nur über dritte Personen. Alle Distanzen sind also entweder positiv bzw. gleich Null und sämtliche Eingänge von E haben den Wert 1. (Der durch $\{D,E,F,G,H\}$ definierte Teilgraph ist stark verbunden; der gesamte Graph G hingegen nicht, da D Eingänge mit ∞ enthält.)

c) Ein Graph ist <u>einseitig verbunden</u> (unilaterally connected), wenn zwischen beliebigen Paaren (a_i,a_j) von Punkten ein Pfad von a_i nach a_j und/oder von a_j nach a_i verläuft. Während es im Falle der starken Konnektivität eine Verbindung in beiden Richtungen geben muß, genügt hier, wenn eine Verbindung in nur einer Richtung vorliegt. Die Distanz zwischen zwei Punkten darf also in einer Richtung unendlich sein, nur darf sie dann in der entgegengesetzten

Richtung nicht auch unendlich sein, d.h. für jeden Eingang von E mit dem Wert ∞ weist der zu diesem symmetrischen Eingang einen positiven Wert auf. (Die Beispielsgruppe G ist einseitig verbunden.)

d) Ein Graph ist <u>schwach verbunden</u> (weakly connected), wenn es unmöglich ist, seine Punkte in zwei sich gegenseitig ausschließende Teilklassen zu zerlegen, so daß für kein Paar von Punkten aus verschiedenen Klassen eine Pfeilverbindung besteht. (G ist auch schwach verbunden.)

e) Ein Graph ist schließlich <u>unverbunden</u> (disconnected), wenn es möglich ist, seine Punkte in Teilklassen aufzuteilen, so daß zwischen diesen Teilklassen keine Beziehungen bestehen. Punkte, deren Beseitigung einen sonst verbundenen Graphen zu einem unverbundenen machen, nennt man <u>Artikulationspunkte</u>. Ihnen entsprechen im sozialen Bereich sogenannte <u>Liaisonpersonen</u>, Personen, die zwischen sonst isolierten Gruppen eine Verbindung schaffen. An diesen Stellen sind Gruppen besonders gefährdet. (Für das Beispiel gilt: B und D sind Liaisonpersonen. Denn nimmt man B aus dem Graphen heraus, zerfällt dieser in zwei unverbundene Teilgraphen, deren Punktmengen $\{A,C\}$ und $\{D,E,F,G,H\}$ sind. Beseitigt man D zerfällt G in zwei unverbundene Teilgraphen mit den Punktmengen $\{A,B,C\}$ und $\{E,F,G,H\}$)

Es ist möglich, diese begrifflichen Distinktionen weiter zu verfeinern und beispielsweise eine Quasi-starke Verbundenheit zu definieren. Auch sind eine Reihe von <u>Kriterien für das Vorliegen bestimmter Arten von Verbundenheit</u> mit Hilfe der Eigenschaften relevanter Matrizen formulierbar (vgl. im einzelnen F. Harary, R.Z. Norman und D. Cartwright 1965, Kap. 5). Weiterhin kann man für nicht völlig verbundene Graphen neben der Art auch noch <u>Grade der Konnektivität</u> definieren.

2.3. Die Identifikation von Teilgruppen

Manchmal wird es wichtig, aus einem gegebenen Netzwerk Mengen von Personen auszusondern, für welche bestimmte einschränkende Relationen gelten. So spricht man beispielsweise in der Soziometrie von Cliquen und meint häufig damit Teilmengen einer Gruppe, die aus drei und mehr Personen bestehen, welche sich alle gegenseitig wählen. Alle Mitglieder der Teilmenge wählen sich gegenseitig heißt aber, daß für jedes Personenpaar der Menge eine Beziehung in beiden Richtungen vorliegt. Eine <u>Clique</u> ist ein <u>völlig verbundener Teilgraph</u> des Netzwerkes, insbesondere also auch symmetrisch (eine Teilmenge von vollständiger asymmetrischer Struktur würde man nicht als Clique bezeichnen): die einer Clique assoziierte Matrix besitzt mit Ausnahme der Hauptdiagonalen nur Eingänge mit dem Wert 1. (Im Beispiel bilden A,B,C eine Clique.)

Gelingt die <u>Zerlegung eines</u> im Felde vorgefundenen <u>Netzwerkes</u> in mehrere Teilstrukturen, so hätte man eine Reihe von Gruppen <u>auf der Basis der tatsächlich relevanten Beziehungen</u> isoliert. Diese Gruppen wären weder statistische Klassen noch willkürlich ad hoc im Laboratorium zusammengestellt oder zufällig aufgrund irgendwelcher administrativer Kriterien erzeugt, sondern Mengen von Personen, die in "natürlich" entstandenen sozialen Beziehungen innerhalb eines komplexen Netzwerkes solcher Beziehungen stehen. - Bei diesem Problem zeigt sich insbesondere der Vorteil der Verwendung formaler Techniken, die im Rahmen der Graphentheorie oder Matrixalgebra bereitgestellt werden können. Denn so bald eine größere Menge von Personen gegeben ist, dürfte es nicht mehr durch einfache Inspektion der graphischen Darstellung oder der Beziehungsmatrix möglich sein, in <u>systematischer</u> Weise <u>sämtliche</u> Teilgruppen bestimmter Art <u>eindeutig</u> zu identifizieren; hier werden vielmehr Algorithmen erforderlich.

Zur Identifikation von Cliquen als Mengen von durch rezi-
proke, ein-stufige Beziehungen miteinander verbundenen Personen mit jeweils maximalem Umfang betrachtet man den symmetrischen Teil der dem Graphen assoziierten Matrix M und
kubiert diesen. In dem zur dritten Potenz erhobenen Teil
von M treten nur dann positive Eingänge auf, wenn zwischen
den betreffenden Personen drei-stufige Beziehungen allein
aufgrund gegenseitiger ein-stufiger Beziehungen bestehen.
Die Werte der Diagonalen geben die Zahl der drei-stufigen
Beziehungen jeder Person zu sich selbst an: eine Person hat
hier nur dann einen positiven Eingang, wenn sie Mitglied
einer Clique mit mindestens drei Personen ist. Weiterhin
ist aus der Größe des Diagonaleinganges zu schließen, wie
groß die Mitgliederzahl der Clique ist (L. Festinger u.a.
1955, S. 365 f.). Von einem beliebigen Cliquen-Mitglied ausgehend kann man schließlich die restlichen Mitglieder dieser Teilstruktur in eindeutiger Weise identifizieren
(J. Chabot 1950, S. 138 f.; s. zum Ganzen auch F. Harary
und I.C. Ross 1957).

Die bei der Definition der Clique verwandte einschränkende
Bedingung der direkten gegenseitigen Beziehungen läßt sich
abschwächen und der Cliquenbegriff in folgender Weise gene-
ralisieren: _Eine m-Clique ist eine aus mindestens drei Personen bestehende Menge, die alle zueinander in einer maximal m-stufigen Beziehung stehen_ (R.D. Luce und A.D. Perry
1949; R.D. Luce 1950). Das oben erwähnte ursprüngliche Kon-
zept ergibt sich hieraus für den Spezialfall m = 1. Die m-
Clique eines Graphen ist also ein stark verbundener Teilgraph, dessen sämtliche Distanzen nicht größer als m sind.

Zur Bestimmung der m-Cliquen bildet man durch Boole-Opera-
tionen die Boole-Matrix $N = M + M^2 + M^3 + \ldots + M^m$. Wie in
§ 2.2.1 ausgeführt, hat ein Eingang in N genau dann den
Wert 1, wenn es für die entsprechenden Personen mindestens
eine Beziehung gibt, die maximal m-stufig ist. Diese neue

Matrix N übernimmt für m-Cliquen die gleiche Rolle wie die
Ausgangsmatrix M für 1-Cliquen: Wie in M symmetrische Eingänge angeben, daß sich die beiden Personen gegenseitig wählen, bedeuten in N symmetrische Eingänge, daß zwischen den
Personen Pfade in beiden Richtungen bestehen, die maximal
die Länge m haben. Durch Kubierung des symmetrischen Teils
von N erhält man deshalb Mengen von Personen, die alle in
einer maximal m-stufigen reziproken Beziehung stehen: Die
1-Cliquen von N sind die gesuchten m-Cliquen von M. (Für
unser Beispiel erhalten wir, daß D, E, F, G und H eine 3-
Clique bilden: der entsprechende Teilgraph ist stark verbunden, und alle Distanzen betragen höchstens 3.)

Neben diesem Algorithmus gibt es eine Reihe von weiteren
Techniken zur Identifikation von Teilstrukturen, die vollständig oder stark verbunden sind (E. Forsyth und L. Katz
1946; L. Katz 1950; C.B. Beum und E.G. Brundage 1950; J.S.
Coleman und D. MacRae 1960). Sie beruhen auf dem Prinzip,
die Beziehungsmatrix M durch Vertauschen von Zeilen und von
Spalten so umzuordnen, daß sich die von Null verschiedenen
Eingänge möglichst entlang der Hauptdiagonalen verteilen.
Allerdings sind die Ergebnisse der Analyse nicht eindeutig;
sie hängen insbesondere davon ab, wie die zu reorganisie-
rende Matrix ursprünglich angeordnet war.

Während bei den erwähnten Verfahren immer von einem gegebenen Netzwerk ausgegangen wird, so daß es eine Frage des
jeweiligen Einzelfalls ist, ob und wie eine Zerlegung in
Teilstrukturen möglich ist, sind im Rahmen der Untersuchung-
en des Gleichgewichtes kognitiver oder interpersoneller
Strukturen eine Reihe von formalisierten Theorien, insbesondere die sog. Balance-Theorie, entwickelt worden, die es er-
lauben, aus Annahmen über die Art des Zusammenhangs der Relationen zu deduzieren, ob Cliquen bestimmter Art vorliegen
(D. Cartwright und F. Harary 1956; J.A. Davis 1965, 1967;
C. Flament 1965, S. 121 ff.; P. Abell 1968).

2.4. <u>Relationale Charakterisierung von Personen</u>

Strukturelle Eigenschaften, welche sozialen Netzwerken zukommen, können selbst wiederum dazu verwandt werden, einzelne Personen zu charakterisieren. Diese werden also nicht beschrieben durch ihre Beziehungen zu bestimmten anderen Akteuren ("Freund des a" oder "Untergebener des b" zu sein), sondern durch ihre Position in einem Netzwerk mit ganz bestimmten strukturellen Eigenschaften. Dabei wird mit Ausnahme der zugrundegelegten Relation zur Definition der verschiedenen Positionen und damit der Charakterisierung der diese Positionen innehabenden Akteure auf keine deskriptiven Prädikate oder auf Individuennamen Bezug genommen.

Die Charakterisierung muß i.a. nicht so weit gehen, daß durch jede Position genau eine Person ausgezeichnet und damit (im strengen Sinne) gekennzeichnet wird, sondern es kann mehrere gleiche Positionen geben, so daß es auch mehrere Personen mit gleicher relationaler Charakterisierung gibt. Falls ein Graph G z.B. genau eine zentrale Position im unten definierten Sinne besitzt, bezieht sich der Ausdruck "<u>die</u> zentrale Position von G" bzw. "die zentrale Person von G" auf genau einen Akteur a, der durch ihn allen anderen Mitgliedern von G gegenüber eindeutig identifizierbar ist. Hier wäre also die Verwendung des bestimmten Artikels angebracht, im zweiten Fall dagegen nicht (Beispiel: "b ist <u>eine</u> periphere Person von G", d.h. es gibt außer b noch andere). Hier ist jedoch das <u>Netzwerk</u> bezüglich aller gleichen Positionen <u>symmetrisch</u> in folgendem Sinne: Vertauscht man die Positionen von relational gleich charakterisierten Akteuren, bleibt die Struktur von G erhalten.

Ein Beispiel für eine relationale Charakterisierung wäre die Beschreibung von Personen durch die Werte einer Statusvariablen, welche aus der Häufigkeit des Gewähltwerdens durch andere Mitglieder des Netzwerkes konstruiert wird. Ein ver-

breiteter <u>Statusindex</u> setzt die Zahl der erhaltenen Wahlen
zur Zahl der maximal möglichen Wahlen in Beziehung. Der of-
fensichtliche Nachteil eines solchen Verfahrens besteht darin, daß man bei der Berechnung des Status einer Person
zwar die Zahl der erhaltenen Wahlen, nicht aber berücksichtigt, von <u>wem</u> man diese Wahlen erhält. Es dürfte beispielsweise von Bedeutung sein, gerade von solchen Personen gewählt zu werden, die selbst wiederum einen hohen Status haben, auch wenn man selbst nur wenige Wahlen erhält. In ähnlicher Weise mag es relevant sein, in einer Organisation
Vorgesetzter von solchen Personen zu sein, die selbst wiederum viele Untergebene haben (F. Harary 1959[c]). Diesen
Nachteil kann man beseitigen, indem man jede erhaltene Wahl
in bestimmter Weise mit dem Status des die betreffende Person Wählenden (dem Status des "Vorgängers") gewichtet. Da
man für den Status des Vorgängers ebenfalls den seines Vorgängers in Betracht zieht, berücksichtigt man für den Status der ersten Person den Status seines "Vor-Vorgängers",
also einer Person, die ihn in einer zwei-stufigen Beziehung
erreichen kann. Da diese Vorgehensweise fortgesetzt werden
kann, bedeutet dies, daß in die Berechnung eines solchen
Statuswertes nicht wie in der konventionellen Weise nur die
Matrix der ein-stufigen Beziehungen, sondern sämtliche Matrizen der mehr-stufigen Beziehungen eingehen: Durch Statusvariablen dieser Art wird jede Person durch die Gesamtheit
aller ihrer direkten und indirekten Beziehungen des Netzwerkes charakterisiert (s. im einzelnen C. Berge 1958,
S.118 f., 131 ff.; L. Katz 1953; R. Ziegler 1972, Kap.1).

Weitere Beispiele von ähnlicher Struktur sind die Bestimmung
von <u>Zentralitäten</u> und Erreichbarkeiten von Personen mit Hilfe der Distanz- oder Erreichbarkeitsmatrizen: Ein <u>Punkt</u> eines Graphen ist <u>peripher</u>, wenn das Maximum seiner Distanzen
zu allen anderen Punkten selbst wiederum in dem Graphen maximal ist; entsprechend ist ein Punkt <u>zentral</u>, wenn das Maximum seiner Distanzen in G minimal ist. Für die Beispiel-

gruppe der beiden vorhergehenden Abschnitte gilt, daß A,
B und C periphere Punkte sind, denn deren maximale Distanz
ist ∞ ; D und E sind zentral, da ihre maximale Distanz 3
beträgt. Betrachtet man nur den Teilgraphen mit der Punkt-
menge $\{D,E,F,G,H\}$, dann sind nun F und G zentral (maximale
Distanz gleich 2), während D,E und H peripher sind (maximale Distanz gleich 3).

Die _relative Zentralität_ (A. Bavelas 1950; vgl. auch
C. Flament 1965, S. 70 ff.) einer Person würde zum Ausdruck
bringen, wie günstig für sie das Verhältnis der Gesamtzahl
ihrer Distanzen zu allen anderen Personen zur Gesamtzahl
aller Distanzen innerhalb der Gruppe ist.

Erreichbarkeiten dürften relevant sein im Zusammenhang der
Bestimmung der Chancen für die Diffusion bestimmter "Zustände" (etwa Informationen, Neuerungen) innerhalb der betreffenden Gruppe: eine Person kann insofern besonders günstig
lokalisiert sein, als in wenig Schritten möglichst viele
andere Personen von ihr erreichbar sind bzw. sie in wenig
Schritten von vielen anderen erreichbar ist. Auch hier geschieht die Charakterisierung einer Person wiederum durch
die Gesamtheit aller ihrer direkten und indirekten Beziehungen.

Informationen über die Struktur einer Gruppe können nicht
nur zur _relationalen Kennzeichnung_ von einzelnen Personen,
sondern wiederum _von Personenpaaren_ verwandt werden. Ein
Beispiel wäre der Grad der Verbundenheit zwischen Paaren.
Diesen könnte man einmal mit Hilfe der Distanzmatrix bestimmen, indem man sagt, solche Personenpaare weisen einen
höheren Grad von Verbundenheit auf als andere, wenn die
Distanz geringer ist. Eine andere Möglichkeit wäre die, daß
man eine Matrix bildet, in die nicht nur wie bei D die Pfade
mit der kürzesten Länge, sondern alle Pfade bis zu einer
maximalen Länge eingetragen werden. Dann kann man jeden ein-

zelnen Pfad zwischen zwei Personen in einem Gesamtindex berücksichtigen, in welchem jeder Pfad seiner Länge entsprechend gewichtet wird (paarweise Konnektivität). Dieses Verfahren trägt der Tatsache Rechnung, daß z.B. zwei Personen
immer noch miteinander kommunizieren können, wenn durch
Ausfall von anderen Personen der kürzeste Pfad "zerstört"
wird, sofern noch weitere Pfade vorhanden sind, wenn auch
dann die Kommunikation wohl schwieriger vonstatten gehen
wird.

Durch ihre relationale Charakterisierung wird es möglich,
das relevante - d.h. in Form von beispielsweise Interaktions-
Kommunikations- oder soziometrischen Beziehungen wirksame -
soziale Milieu von Individuen zu berücksichtigen. Eine solche Form der Relationsanalyse dürfte beispielsweise erforderlich sein zum Test der Theorie des strukturellen Gleichgewichtes interpersoneller Relationen (Th. Newcomb 1950;
J.A. Davis 1963) oder von Hypothesen über die Konsequenzen
von Statusinkongruenz, da in theoretischen Ansätzen dieser
Art ganz wesentlich Aussagen auftreten, in denen Individuen
danach kontrastiert werden, ob sie Elemente von Mengen von
Beziehungen bestimmter Art sind. Charakterisiert man Individuen nicht nur durch ihr direktes relevantes soziales
Milieu, sondern gemäß Eigenschaften des gesamten Netzwerkes
in der Weise, daß diese Eigenschaften für alle Akteure des
Kollektivs gleich sind, ist der Übergang zur Kontextanalyse
spezieller Art vollzogen: sämtliche Personen werden durch
ein strukturelles Merkmal des Kollektivs, dessen Mitglieder
sie sind, beschrieben.

3.   Kontextanalyse
      ——————————

Als Kontexthypothesen wurden in § 1 solche Aussagen bezeichnet, in denen mindestens eine Variable auftritt, die
die betrachteten Einheiten durch eine Eigenschaft von Kollektiven charakterisiert, deren Elemente sie sind. Zwar
wird bei der Beschreibung und Erklärung individuellen Verhaltens manche kontextuelle Formulierung in informeller
Weise verwandt, zwar wird auch häufig gefordert, daß man
die "totale Situation", den jeweiligen "sozialen Kontext",
die relevanten "sozialen Strukturen" berücksichtige, aber
eigentliche Kontextanalysen im Sinne der systematischen
Entwicklung und Verwendung von Indikatoren der sozialen
Kontexte und ihrer expliziten Berücksichtigung bei der Erklärung von Prozessen auf der Ebene von Individuen sind
relativ jungen Datums, obwohl gerade sie besonders zur
Strukturanalyse im Rahmen der nichtexperimentellen quantitativen Sozialforschung geeignet sind. Denn "contextual
... propositions describe in various ways the interplay
between persons and collectivities and are thus one way
in which structural ideas can be expressed" (P.F. Lazarsfeld 1959, S. 69). So wird es verständlich, warum R. K.
M e r t o n und A. S. R o s s i im Jahre 1950 die Studie
über den "American Soldier" dafür besonders loben konnten,
daß mit ihr versucht wird "to make a systematic analysis
of the attitudes or evaluations of like-statused individuals within diverse social structures" (R.K. Merton 1957,
S. 260).

3.1. Ein Beispiel: Emile Durkheim

Zu den ersten Autoren, die systematische Kontextanalysen
durchgeführt haben, dürfte E. D u r k h e i m gehören. In
seiner Arbeit über den Selbstmord bezieht er sich unter
anderem auf eine Beobachtung von B e r t i l l o n, die

er mit seinen eigenen Daten zu bestätigen in der Lage ist,
daß nämlich für die europäischen Länder die Häufigkeit der
Selbstmorde in einem Lande mit der Häufigkeit der Eheschei-
dungen kovariiert (E. Durkheim 1897, S. 289).

Das gleiche Ergebnis findet man, wenn man die schweizeri-
schen Kantone bzw. französischen Departements miteinander
vergleicht: je größer in einem geographischen Gebiet die
Selbstmordrate, desto größer ist auch die entsprechende
Scheidungsrate. Selbstmord- und Scheidungsraten sind nach
unserer Klassifikation analytische Merkmale von durch eine
geographische Lage abgegrenzten Kollektiven. Es handelt
sich also bei der erwähnten Hypothese um eine typisch kollektive Aussage, die gemeinhin als"ökologische Aussage"
bezeichnet wird, da die entsprechenden Kollektive räumlich
abgegrenzt sind.

Nun liegt der als "ökologischer Fehlschluß" bekanntgewor-
dene und noch zu behandelnde (§§ 4.2 , 4.4) Schluß nahe,
auf der Ebene der Individuen die Hypothese aufzustellen,
daß geschiedene Personen eine höhere Selbstmordwahrscheinlichkeit bzw. -neigung haben als andere Personen. So lautet die Annahme von B e r t i l l o n, der zugleich eine
Erklärung für eine solche individuelle Korrelation formuliert: Personen mit einem hohen Grade psychischer Labili-
tät haben gleichzeitig eine hohe Neigung zum Selbstmord
und,wenn sie verheiratet sind, eine hohe Scheidungswahr-
scheinlichkeit (E. Durkheim 1897, S. 292)!

Zwar stimmt es, daß die Selbstmordneigung (SN) von Geschiedenen höher ist als die von Verheirateten, aber dies gilt
auch für Verwitwete, wenn man deren Alter berücksichtigt;
dies sind Aussagen, die D u r k h e i m teilweise auf der
individuellen Ebene direkt überprüfen kann (S. 293). Es
kommt aber hinzu, daß die SN von Personen variiert, wenn
man das individuelle Merkmal "Verheiratet-Sein" konstant-

hält, und zwar in Abhängigkeit von der Scheidungshäufigkeit in dem Lande, dessen Bürger die betreffende Person
ist. Wenn in einem Lande die Häufigkeit von Scheidungen
relativ groß ist, dann ist auch die SN von Personen relativ groß, selbst wenn die betreffenden Personen verheiratet sind, zumindest was das männliche Geschlecht anbetrifft
(S. 295 f.).Man kann sogar sagen, daß die SN der verheirateten Männer sehr viel stärker steigt als die der ledigen
Männer. Hier haben wir eindeutige Kontexthypothesen vor
uns: die Scheidungshäufigkeit wird dazu verwandt, ein Kollektiv zu charakterisieren, ein geographisches Gebiet bzw.
für D u r k h e i m vor allem das, was man vielleicht
"Familienklima" nennen könnte. Große oder geringe Scheidungshäufigkeit sind für ihn Indikator einer bestimmten
durchschnittlichen Verfassung der Familien in dem betreffenden geographischen Gebiet und in Abhängigkeit von dieser Familienverfassung ändert sich die Selbstmordneigung
der Individuen. Diese besondere Familienverfassung bezeichnet E. D u r k h e i m als "anomie conjugale"; sie
ist das Produkt der Institution der Scheidung, und sie erklärt mithin "le développement parallèle des divorces et
des suicides" (S. 307).

Fassen wir zusammen: D u r k h e i m arbeitet mit folgenden zwei Arten von explikativen Variablen:
a) <u>Die kollektive Eigenschaft</u> "Scheidungsrate" in einem
   Lande, Kanton oder Departement; durch sie wird eine
   Eigenschaft des sozialen Kontextes von bestimmter Art
   für die Individuen spezifiziert.
b) Die beiden <u>individuellen Eigenschaften</u> "Geschlecht" und
   "Ehelicher Status".

Diesen steht c) die <u>individuelle Eigenschaft</u> "Wahrscheinlichkeit,Selbstmord zu begehen" (SN) gegenüber als <u>abhängi-
ge Variable</u>. Dann vergleicht D u r k h e i m Variationen
in der SN von Männern und Frauen in unterschiedlichen Kon-

texten und stellt fest, daß die SN der Verheirateten (!) sehr stark vom Kontext, d.h. von der Höhe der Scheidungsrate in der betreffenden geographischen Einheit abhängig ist, und zwar für den Mann genau umgekehrt wie für die Frau. (Für letztere gilt: "Le mariage favorise d'autant plus la femme au point de vue du suicide que le divorce est plus pratiqué et inversement"; S. 302.) Für den verheirateten Mann bedeutet die Erhöhung der Scheidungsrate in seinem Lande eine erhöhte Selbstmordwahrscheinlichkeit. Graphisch sähe dies ungefähr folgendermassen aus (gestrichelte Linie):

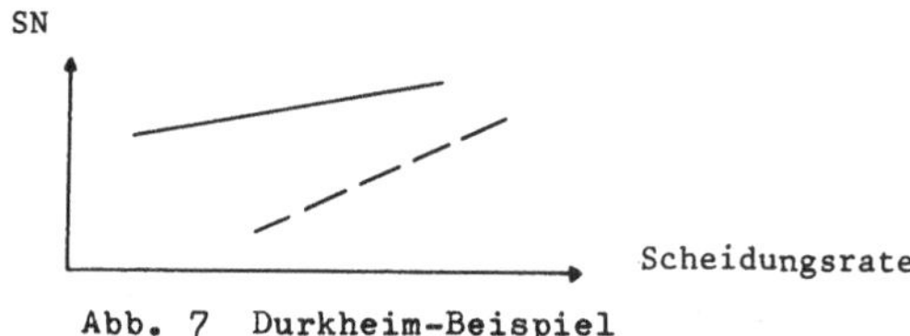

Abb. 7   Durkheim-Beispiel

Da D u r k h e i m den Zusammenhang zwischen sozialem Kontext bestimmter Art und der SN im wesentlichen nur für verheiratete Personen untersucht, ist für die analoge Situation bei den Geschiedenen wenig zu sagen. Er weist nur darauf hin, daß er für alle untersuchten Länder nachweisen konnte, daß die SN der Verwitweten direkt mit der der Verheirateten kovariiert und daß dies vermutlich auch für die Geschiedenen gelten dürfte, wo die Ehe nicht gewaltsam durch den Tod, sondern meist durch Einverständnis gelöst wird (S. 294). Wir können deshalb vermuten, daß in obiger Zeichnung zwar geschiedene Männer eine höhere SN haben und daß diese auch dann leicht ansteigt, wenn die der Verheirateten ansteigt (durchgezogene Linie). Es ist aber dennoch zu erwarten, daß die Differenz in der SN von Geschiedenen und Verheirateten nicht konstant bleibt, sondern mit steigender Scheidungsrate eines Landes geringer wird, da nach D u r k h e i m die Verheirateten stärker vom sozialen

Kontext beeinflußt werden.

3.2. <u>Gruppenkompositionshypothesen</u>

Eine eingehende Analyse der logischen Struktur der Zusammenhänge zwischen kontextuellen und individuellen Effekten, welche hier mit Hilfe des D u r k h e i m-Beispiels illustriert wurden, stammt von P. M. B l a u (1957, 1961) und J. A. D a v i s (1961[a]; J.A. Davis u.a. 1961).
In diesen Analysen wird eine Unterscheidung in den zu verwendenden Kontextvariablen relevant: Letztere können nämlich, wie erwähnt, einmal globale Merkmale von Kollektiven sein und zum anderen analytische oder strukturelle Merkmale von Kollektiven, die also aus individuellen Merkmalen in einer bestimmten Weise konstruiert sind. Berücksichtigt man wie D u r k h e i m gleichzeitig individuelle und kollektive analytische Variable, so kann man letztere noch einmal danach unterscheiden, ob das kollektive Merkmal aus einem anderen oder aus dem gleichen individuellen Merkmal konstruiert wird, das in der Analyse gleichzeitig auch noch als individuelles berücksichtigt wird. Im letzteren Falle handelt es sich um einen eindeutigen Fall des "one level measurement": eine <u>einmalige Meßoperation</u> charakterisiert <u>gleichzeitig</u> einzelne <u>Individuen</u> (bzw. ihre Relationen) <u>und</u> über die Konstruktion eines kollektiven (analytischen bzw. strukturellen) Merkmals daraus auch noch ihren sozialen <u>Kontext</u>.

Gemäß diesen drei Arten von Kontextmerkmalen gibt es auch <u>drei verschiedene Arten von Kontextanalysen</u>:

a) Kontextaussagen mit globalen Eigenschaften als Kontextmerkmale (Beispiel: Unterschiedliches Verhalten von Akteuren in verschiedenen Kulturen);

b) Allgemeine Kontextaussagen mit konstruierten Eigenschaften als explikative Variable (Beispiel: Zwei-Variablen-

Beziehungen über das Verhalten von Akteuren und die
Kohärenz ihrer Gruppen);

c) Gruppenkompositionshypothesen (J.A. Davis u.a. 1961)

Bei den beiden ersten Arten von Kontextaussagen treten
keine besonderen _technischen_ Schwierigkeiten auf, die Art
der Analyse ist unproblematisch; wohl aber gibt es _theo-_
retische Probleme der Erklärung, wie sich Kollektiveigenschaften wie Kultur, Meinungsklima einer Gruppe u.ä. auf
individuelles Verhalten auswirken können (s. dazu § 6).
Beim dritten Typ treten jedoch zusätzlich erhebliche methodische Fragen auf, weshalb diese Aussagen in diesem und den
beiden folgenden Kapiteln im Vordergrund stehen sollen.

Die von B l a u und D a v i s diskutierten _Gruppenkompo-_
sitionshypothesen (von Blau Hypothesen über "structural
effects" genannt) bestehen also _aus mindestens drei Vari-_
ablen der folgenden Art:

1. Ein individuelles Merkmal Y als abhängige Variable
   (Durkheim-Beispiel: Selbstmordwahrscheinlichkeit bzw.
   Dichotomie "Begeht Selbstmord / Begeht nicht Selbst-
   mord")

2. Ein individuelles Merkmal X als explikative Variable
   ("Geschieden / Nicht geschieden"). (Es sei darauf hingewiesen, daß weder X noch Y notwendigerweise Dichotomien sein müssen; insbesondere können sie auch von metrischer Struktur sein.)

3. Eine weitere explikative Variable P als kollektives
   Merkmal, welches definitorisch eine mathematisch-ana-
   lytische Funktion der Verteilung von X in den einzelnen Kollektiven ist (Prozentsatz der Geschiedenen).

Im Falle von Gruppenkompositionshypothesen kann man sich
die Frage stellen, ob die "gleiche" Eigenschaft, einmal
als individuelles Merkmal und einmal als Merkmal der

"Gruppen"-Zusammensetzung einen unterschiedlichen Effekt
auf die abhängige Variable ausübt, gewissermaßen einmal
auf der Ebene von Individuen und einmal auf der von Kollektiven wirkt. Allerdings sei daran erinnert, daß hier,
wie in den allgemeineren Kontexthypothesen auch, die Subjekte der Aussagen Individuen sind, im Gegensatz zu den
("reinen") Kollektivaussagen, deren Subjekte Kollektive
sind.

Gemäß P.M. B l a u manifestieren sich "strukturelle" Effekte in folgender Weise: "The essential principle is that
the relation-ship between the distribution of a given characteristic in various collectivities and an effect criterion is ascertained, while this characteristic is held con-
stant for individuals. This procedure differentiates the
effects of social structures upon patterns of action from
the influences exerted by the characteristics of the acting
individuals or their inter-personal relationships"(1961,
S 191).

Er unterscheidet zwei Arten von "attributes of social collectivities", die von individuellen Eigenschaften verschieden sind und davon unabhängige "strukturelle" Effekte ausüben, nämlich einmal "common values and norms embodied in
a culture or subculture" (S. 178) und zum anderen Gruppen-
strukturen, d.h. "networks of social relations in which
processes of social interaction become organized and through
which social positions of individuals and subgroups become
differentiated" (S. 178).

Unter Verwendung eines von ihm herangezogenen Beispiels läßt
sich die unabhängige Wirkung von "Attributen sozialer Kollektive" der ersteren Art folgendermaßen illustrieren: Man
erhebe (z.B. mit Hilfe der F-Skala) für einzelne Gemeinden
das Ausmaß, in dem in diesen Gemeinden autoritäre Werte vor-
herrschend sind, und bestimme gleichzeitig den Grad der

Diskriminierung gegenüber Minoritäten. Ein Zusammenhang zwischen der Dominanz bestimmter sozialer Werte und Normen und der Häufigkeit bestimmter Aktivitäten, also in unserem Beispiel zwischen Autoritarismus und Diskriminierung, kann dann auf zweierlei Art erklärt werden: die autoritären Werte der Gemeinde führen zu diskriminierenden Aktivitäten; oder: Gemeinden mit hohem Grad von Autoritarismus sind solche Gemeinden, deren Anteil an Personen mit autoritären Wertorientierungen besonders hoch ist, und Personen mit autoritären Wertorientierungen oder Dispositionen tendieren zu diskriminierenden Aktivitäten.

B l a u schlägt vor, den relativen Beitrag der strukturellen Effekte - d.h. die Wirkung der sozialen Werte und Normen - einerseits und der individuellen Effekte - d.h. der Wertorientierungen und Dispositionen von Personen - andererseits auf die abhängige Variable "diskriminierende Aktivitäten" dadurch zu bestimmen, daß man jeweils eine der unabhängigen Variablen konstant hält und die "Korrelation" der anderen mit der abhängigen errechnet. Sollten diskriminierende Handlungen von Personen in Gemeinden mit autoritären Werten häufiger sein als in Gemeinden ohne autoritäre Werte, unabhängig davon, ob die betreffenden Personen autoritäre Wertorientierungen besitzen oder nicht, dann ist das ein Zeichen dafür, "that this social value exerts external constraints upon the tendency to discriminate - structural effects that are independent of the internalized value orientations of individuals" (S. 180).

Neben dem Merkmalspaar "soziale Werte / individuelle Wertorientierungen" berücksichtigt B l a u das kollektive Merkmal "Gruppenstruktur", definiert als "distribution or network of social relationships", und das individuelle Merkmal "interpersonelle Beziehungen". Hier wären strukturelle Effekte dann festzustellen, wenn das Verhalten von Personen in Gruppen mit unterschiedlicher Verteilung von sozialen

Beziehungen verschieden ist, obwohl für jede betrachtete Person die relevanten Beziehungen zu anderen Personen konstant gehalten werden. Ein Beispiel hierfür wären die Beziehungen zwischen der Kohäsion einer Arbeitsgruppe, dem soziometrischen Status der Mitglieder dieser Gruppe und den Beziehungen zu Aussenstehenden. Dabei soll Gruppenkohäsion durch die Zahl der soziometrischen Wahlen, die auf Personen innerhalb der Gruppe entfallen (ingroup sociometric choices), operationalisiert werden; die individuelle Attraktivität jeder Person sei durch die Zahl der Wahlen, die sie von Mitgliedern der Gruppe erhält, definiert.

In dem Fall von Arbeitsgruppen einer bestimmten Behörde war nun folgendes festzustellen: Hielt man für die untersuchten Personen die Zahl der erhaltenen Wahlen und damit bestimmte Aspekte ihrer interpersonalen Beziehungen konstant, so variierte deren Verhalten gegenüber Klienten in Abhängigkeit von der Verteilung dieser Wahlen in den Gruppen. Und zwar sank mit steigender Gruppenkohäsion die Neigung der Personen, auf die Wünsche ihrer Klienten in einer persönlichen, nicht-sachlichen Weise zu reagieren (Blau 1961, S. 187).

3.3. Die Typologie von J. A. Davis

Die verschiedenen möglichen Zusammenhänge zwischen individuellen und Kompositionseffekten werden von J. A. D a v i s, J. L. S p a e t h und C. H u s o n systematisch klassifiziert. Für den Sonderfall, daß die betrachteten Beziehungen linear sind, soll diese Typologie hier referiert werden. Gleichzeitig wird vorausgesetzt, daß die individuellen Merkmale X und Y Dichotomien sind, was jedoch keine wesentliche Einschränkung ist. Graphisch können die verschiedenen Typen durch Linien in einem zweidimensionalen Koordinatensystem repräsentiert werden, auf dessen Achsen die verschiedenen P-Werte (welche die Kontexte charakterisieren)

und Werte in der abhängigen Variablen Y - entweder als
Wahrscheinlichkeiten oder als relative Häufigkeiten von
Personen in Klassen bzw. in Kategorien, die durch die Kom-
bination verschiedener Werte der explikativen Variablen
definiert werden - abgetragen werden. (Eine Vielzahl von
Illustrationen von Kompositionseffekten findet man auch in
J.A. Davis 1961[a].)

Im übrigen sei vermerkt, daß die zu kombinierenden kollektiven und individuellen Variablen P und X beliebig sein
können. Auch wenn das Kontextmerkmal P nicht eine Funktion
der Verteilung von X ist, kann man sinnvoll von Kontexteffekten, Individualeffekten und Interaktionen beider
sprechen. Nur stellt sich dann nicht die in § 3.2 behan-
delte Frage, ob die "gleiche" Variable "auf unterschiedlichen Ebenen" verschieden wirken kann, noch das in §§ 4
und 5 zu diskutierende Problem des Auseinanderfallens von
Kollektivbeziehung und ihr "entsprechender" Individualbeziehung.

Die in der Typologie zu kombinierenden Effekte sind folgender Art (s. hierzu auch die Abbildungen 8 bis 14):
a) Die individuelle Variable X hat unabhängig vom Wert P
   ihrer Verteilung einen Einfluß auf Y; d.h. es liegt eine
   Differenz auf der individuellen Ebene vor: Es werden
   zwei Teil<u>klassen</u> oder -<u>kategorien</u> von Personen, die sich
   durch X bzw. $\overline{X}$ konstituieren lassen, im Hinblick auf die
   Häufigkeit oder Wahrscheinlichkeit von Y verglichen.
   (Durch $\overline{X}$ sei die Klasse oder Kategorie von Personen gekennzeichnet, die die Eigenschaft X <u>nicht</u> besitzen.)
b) Das Merkmal P der Zusammensetzung der Gruppe (bzw. allgemeiner: des Kollektivs) verändert die Wahrscheinlichkeit von Y, und zwar für beide Kategorien oder Klassen
   von Akteuren mit X bzw. $\overline{X}$ in gleicher Weise. Es ergeben
   sich dann Differenzen beim Vergleich der Kollektive.

c) Schließlich sind Interaktionseffekte (Kontingenzeffekte;
   P.M. Blau 1961, S.183 ff.) möglich: die Art der Wirkung
   der individuellen Variablen X ist davon abhängig, welcher Wert der kollektiven Variablen realisiert ist, und
   umgekehrt.

Während im Falle b) das Merkmal P der Gruppenkomposition
nur insofern einen Einfluß ausübt, als im <u>Vergleich zwischen
mehreren Gruppen</u> (Kollektiven) mit verschiedenen P-Werten
Differenzen in den Y-Wahrscheinlichkeiten bestehen, wobei
innerhalb einer jeden Gruppe diese Unterschiede jedoch konstant sind (Effekt auf die Int<u>er</u>gruppendifferenz; J.A.Davis)
variiert im Falle c) hingegen die Differenz in den Y-Wahrscheinlichkeiten der beiden durch An- bzw. Abwesenheit von
X definierten Klassen oder Kategorien <u>innerhalb einer jeden
Gruppe</u> mit den realisierten P-Werten (Effekt auf die Intr<u>a</u>-
gruppendifferenz; J.A. Davis). Demgemäß lautet die <u>Defini-
tion von Gruppenkompositionseffekten</u>: "A compositional effect exists when the absolute size of either: (a) the
within group differences and/or (b) the between group dif-
ference for X's and/or $\overline{X}$'s can be described as a function
of P" (J.A. Davis u.a. 1961, S. 217; im Original werden
A und $\overline{A}$ statt X bzw. $\overline{X}$ verwandt). D.h. ein Gruppenkompo-
sitionseffekt als Spezialfall eines Kontexteffektes liegt
in unseren Fällen c) und/oder b) vor.

Damit ergeben sich fünf mögliche Kombinationen von individuellen, Kompositions- und Interaktionseffekten von beiden.
(Im folgenden wird allgemeiner von Kontext- statt Kompositionseffekten gesprochen, da es für die Typologie irrelevant ist, ob das Kontextmerkmal P speziell eine Funktion
der Verteilung eines individuellen Merkmals X ist, welches
ebenfalls als explikative Variable für Y verwandt wird.)

<u>Typ O</u>:

In diesem trivialen Fall haben weder die Eigenschaft X
noch die Verteilung von X in der Gruppe einen Einfluss auf
Y. Graphisch ergibt sich eine Linie parallel zur P-Achse.

<u>Typ I</u> (Reine Individualeffekte):

Das Vorhandensein von X gegenüber $\overline{X}$ hat einen Einfluß auf
Y; die Differenz ist aber für alle Werte von P gleich. Ein
Effekt von X über die Gruppenzusammensetzung liegt also
nicht vor. Graphisch erhält man zwei Linien parallel zur
P-Achse, eine für die Kategorie der Personen mit X (durch-
gezogen) und eine für die Kategorie der Personen mit $\overline{X}$
(gestrichelt). Die beiden Linien bilden die Projektion
eines dreidimensionalen Zusammenhanges, aus welchem man
durch Zusammenlegung der beiden Kategorien X und $\overline{X}$ eine
Kurve für den zweidimensionalen Zusammenhang von Y und P
erhält: Falls P in der angegebenen Weise Funktion der Verteilung von X ist - und nur dann! - erhält man die "neue"
Kurve als konvexe Kombination der Linien für die beiden
Kategorien; denn wenn P=0, sind nur die Y-Werte der $\overline{X}$ -
Kategorie relevant; wenn P=1, nur die der X-Kategorie.
Die resultierende Kurve ist also dann ebenfalls linear
(gepunktete Linie in Abb. 9).

<u>Typ II</u> (Reine Kontexteffekte):

Es wäre möglich, daß eine Eigenschaft auf der individuellen Ebene keinen Einfluß hat, wohl aber auf dem Wege der
Gruppenzusammensetzung. Graphisch ergibt sich eine für X
und $\overline{X}$ identische Linie als Funktion von P (Abb. 10). -
So könnte man im ersten Beispiel von B l a u annehmen,
daß die Neigung zu antisemitischem Verhalten (Y) mit der
Häufigkeit P der in einer Gemeinde befindlichen autoritären Personen steigt. Dies gilt für nicht-autoritäre Personen ($\overline{X}$) in gleichem Maß wie für autoritäre (X). Zu er-

klären wäre dieses Phänomen dadurch, daß der Anteil der
autoritären Personen das Gemeinde"klima" bestimmt und dieses wiederum in normativer Weise auch Nicht-Autoritäre zu
antisemitischen Aktivitäten zwingt.

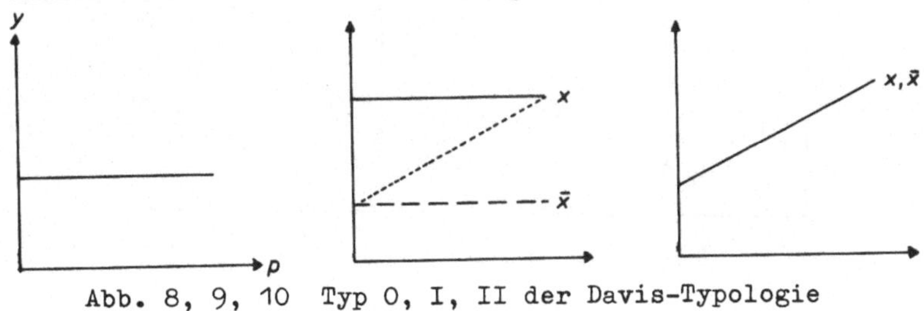

Abb. 8, 9, 10   Typ 0, I, II der Davis-Typologie

Typ III (Kombination von Individual- und Kontexteffekten
ohne Interaktion beider):

Hier haben wir individuelle und Kontexteffekte gleichzeitig, jedoch keine Interaktionen zwischen beiden. Graphisch
ergeben sich zwei verschiedene Linien mit konstantem Abstand in Abhängigkeit von P (Abb. 11 und 12).

(A) In diesem Fall sind beide Einflüsse gleichgerichtet.

(B) Hier liegt eine entgegengesetzte Richtung der Einflüsse vor: das "gleiche" Merkmal wirkt als individuelle Eigenschaft genau umgekehrt wie als kollektive. Solche möglichen, paradox anmutenden Resultate machen den besonderen
Reiz aus, den die Beschäftigung mit Kontexteffekten, speziell strukturellen Effekten hat. Bekannt geworden ist das
folgende Ergebnis aus dem "American Soldier": Innerhalb
jeder Kampfeinheit waren die Beförderten mit dem Beförde-
rungssystem erwartungsgemäß weniger unzufrieden als die
Nicht-Beförderten. Verglich man jedoch die Unzufriedenheit
(Y) über verschiedene Kampfeinheiten, so stellte man fest,
daß mit dem Anteil der Beförderten (P) in einer Einheit
sowohl die Unzufriedenheit der Nicht-Beförderten ($\bar{X}$) als
auch der Beförderten (X) anstieg und nicht sank.

(Wann individueller und kollektiver Zusammenhang invers
zueinander verlaufen können s. S. 108 ff.)

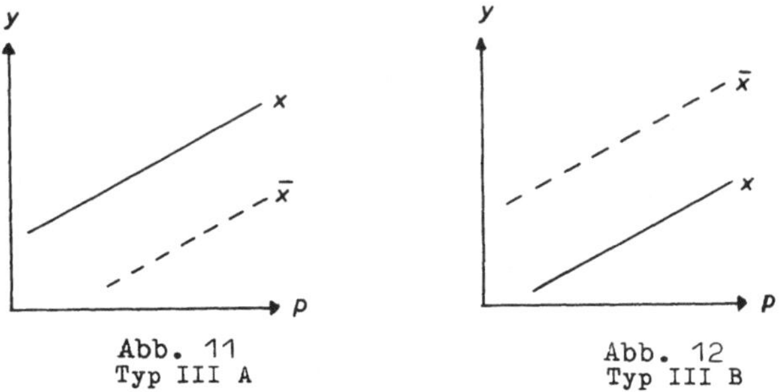

Abb. 11
Typ III A

Abb. 12
Typ III B

<u>Typ IV</u> (Interagierende Individual- und Kontexteffekte):

Graphisch bedeutet dies, daß sich (im linearen Fall!) die
Linien für die beiden Kategorien als Funktion von P beschreiben lassen, wie für die Typen II und III auch (Effekt auf die Intergruppendifferenz), daß aber darüberhinaus sich der Abstand beider Linien mit P ändert (Effekt
auf die Intragruppendifferenz). Einen solchen Fall fanden
wir schon in einem eingangs erwähnten Durkheim-Beispiel
(Typ IV A), in welchem der Kontext auf die Verheirateten
stärker wirkte als auf die Geschiedenen (s. Abb. 7, S.58).

Ein weiteres Beispiel (B) wäre folgendes: Der Antisemitismus steigt mit dem Anteil an Juden (P) in bestimmten Gemeinden. Dies gilt aber nur für die Kategorie der Nicht-
Juden ($\overline{X}$). Hier wirkt wiederum das kollektive Merkmal genau umgekehrt wie das individuelle; weiterhin ist jedoch
die Art der Wirkung variabel: in Gemeinden mit wenig Juden
ist der Unterschied des Antisemitismus von Juden und Nicht-
Juden gering, in Gemeinden mit relativ viel Juden ist der
Unterschied im Antisemitismus relativ groß (vgl. Abb. 13).

Beispiel C: Für das Leistungsniveau von weißen und farbigen
amerikanischen Schülern in Abhängigkeit vom Ausmaß der

Schulsegregation gilt: Je größer der Anteil der weißen
Schüler in einer Schule (P), desto besser ist die Leistung
von weißen (X) und von farbigen (X̄)Schülern, gemessen mit
einem Test der "verbal ability". In mehrheitlich weißen
Schulen ist die Differenz zwischen der Leistung weißer und
farbiger Schüler positiv, in mehrheitlich farbigen Schulen
jedoch negativ (R. Ziegler 1972; Sekundäranalyse der Daten
von J.S. Coleman u.a. 1966; s. auch die weitere Diskussion
dieses Beispiels in § 5.5).

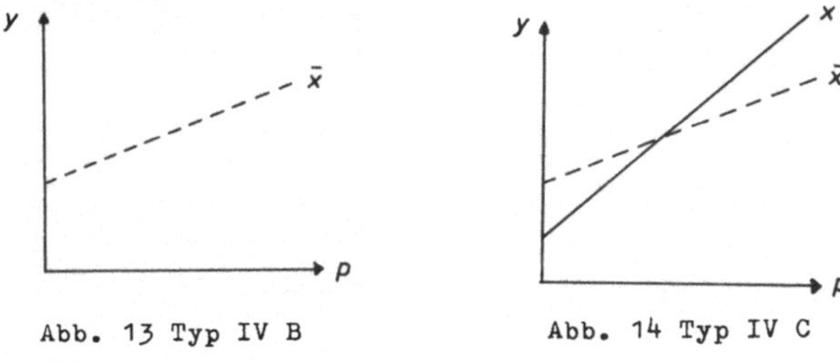

Abb. 13 Typ IV B   Abb. 14 Typ IV C

Die angeführten Beispiele dürften deutlich gemacht haben,
daß wegen der Symmetrieeigenschaft solche Interaktionseffekte ganz allgemein alternativ folgendermaßen beschreibbar sind (s. auch § 5.3):

a) P beeinflußt Y, aber dieser Einfluß ist unterschiedlich
für die X und X̄: Beide Klassen oder Kategorien von Personen
weisen dem Kontext gegenüber eine unterschiedliche Sensiti-
vität auf (<u>differential susceptibility</u>); die X reagieren
auf Variationen in der Zusammensetzung des Kontextes anders als die X̄. (Die verheirateten Männer oder die weißen
Schüler werden vom Kontext stärker affiziert als die geschiedenen Männer bzw. die farbigen Schüler; nur Nicht-
Juden reagieren auf Unterschiede in den Anteilen an Juden
in Gemeinden.)

b) Eine äquivalente Beschreibung der gleichen Sachverhalte
lautet: Das individuelle Merkmal X hat einen Einfluß auf
Y, aber Größe und/oder Richtung variiert mit P: Die indi-

viduellen Unterschiede sind abhängig von der Gruppenzusammensetzung (<u>conditional individual differences</u>).
(Der Unterschied in der Selbstmordneigung der verheirateten und geschiedenen Männer wird mit steigender Scheidungshäufigkeit geringer; die Differenz im Antisemitismus
von Nicht-Juden und Juden steigt mit wachsendem Anteil von
Juden in den Kollektiven; die Leistungsunterschiede für
farbige und weiße Schüler sind einmal positiv und einmal
negativ.)

4. Zusammenhänge zwischen Individualdaten und Kollektivdaten

4.1. <u>Nochmals: Das Durkheim-Beispiel</u>

Wie in § 3.1 ausgeführt wurde, hatte E. D u r k h e i m herausgefunden, daß beispielsweise in Ländern mit einer höheren Zahl an Scheidungen auch die Zahl der Selbstmorde ansteigt. Diese für Kollektive gefundene und z.B. durch einen Koeffizienten der kollektiven Korrelation ausdrückbare Beziehung erlaubt nun, wie wir wissen, folgende Interpretationen:

1. Geschiedene haben eine höhere Neigung zum Selbstmord, unabhängig von der Scheidungsrate des jeweiligen Landes (Typ I der Davis-Klassifikation; § 3.3).

2. In Ländern mit einer hohen Scheidungsrate ist die Selbstmordneigung sowohl für Geschiedene wie für Nicht-Geschiedene höher; zwischen beiden Mengen von Personen besteht jedoch kein Unterschied (Typ II).

3. Geschiedene haben eine höhere Selbstmordneigung als Nicht-Geschiedene, die Neigung beider steigt mit der Scheidungsrate ihres Landes (Typ III A).

4. Die Nicht-Geschiedenen haben eine höhere Selbstmordneigung als die Geschiedenen - etwa weil sie ihre ehelichen Probleme nicht anders lösen können -, aber beider Neigung steigt mit der Scheidungsrate ihres Landes (Typ III B).

5. Die Selbstmordneigung der Geschiedenen ist in allen Ländern konstant, aber die der Nicht-Geschiedenen steigt mit der Scheidungsrate (Typ IV B).

Wir sehen also, daß die für Kollektive geltende Aussage
auf der Ebene von Individuen mit den diversesten Aussagen
vereinbar ist; die Selbstmordneigung von geschiedenen Personen kann im Vergleich zu Nicht-Geschiedenen größer (Interpretationen 1 und 3), gleich (2), kleiner (4) sein oder
variieren (5). Wir sehen aber auch, daß in allen Fällen,
wo sich die individuelle von der kollektiven Beziehung
unterscheidet (2,4,5), Effekte des sozialen Kontextes,
ausgedrückt durch die Zahl der Scheidungen, - also <u>Gruppen-
kompositionseffekte!</u> - ins Spiel kommen.

4.2. <u>Individuelle und kollektive Korrelationen</u>

Wenn wir wieder von den beiden Ebenen individueller Akteure
und sozialer Kollektive ausgehen, können wir Kontextaussagen dahingehend charakterisieren, daß sie beide Ebenen miteinander verbinden, auch wenn die Subjekte der Aussagen
Individuen sind. Im Vergleich dazu sind die Subjekte von
Kollektivaussagen ausschließlich soziale Kollektive, beziehen sich also nur auf eine Ebene; aber auch solche Aussagen werden im Rahmen der Mehrebenenanalyse interessant,
falls den Kollektivaussagen Individualaussagen entsprechen
können, wie wir das im Beispiel von D u r k h e i m an-
trafen. Das hier zur Diskussion stehende <u>Problem, unter
welchen Umständen man von kollektiven Korrelationen auf
individuelle schließen</u> und entsprechende Korrelationskoeffizienten substituieren kann, ist in der Literatur zuerst unter dem Stichwort des ökologischen Fehlschlusses
(<u>ecological fallacy</u>; W.S. Robinson 1950) bekannt geworden,
da es sich bei den Kollektiven der ursprünglich diskutierten Beispiele um ökologische Einheiten handelte, was jedoch für die logische Struktur des Problems irrelevant
ist. (Für eine kurze Literaturübersicht zum ökologischen
Fehlschluß s. E.K. Scheuch 1968. Zum Problem, individuelle
Beziehungen anhand von Kollektivdaten zu untersuchen, vgl.
neben den im folgenden erwähnten Arbeiten auch H.M.Blalock

1961, Kap. 4; H. Sahner 1970/71; W.P. Shiveley 1969)

Zunächst sind von den kollektiven Korrelationen, denen individuelle "entsprechen" können, solche zu scheiden, bei denen dies nicht möglich ist (<u>Kollektive Korrelationen vom Typ II</u>; R. Boudon 1963). Zu letzteren gehören Korrelationen, bei denen in den entsprechenden Aussagen strukturelle oder globale Merkmale von Kollektiven miteinander verbunden werden. (Beispiel: Die Wahrscheinlichkeit in der Aufnahme von Innovationen ist für bestimmte Kommunikationsnetze grösser als für andere.) Hierhin gehören aber auch Aussagen, die zwar analytische Kollektivmerkmale verbinden, deren individuelle "Äquivalente" sich jedoch gegenseitig ausschließen (Beispiel: Je grösser die Säuglingssterblichkeit in einem Stadtgebiet, desto größer die Jugenddelinquenz.)

Ein Übergang von der kollektiven zur individuellen Hypothese ist mithin nur möglich bei Aussagen, die analytische Kollektivmerkmale miteinander verbinden, deren indivduelle "Äquivalente" sich nicht als Eigenschaften eines identischen Akteurs ausschließen (<u>Kollektive Korrelationen vom Typ I</u>; R. Boudon; Beispiele: In protestantischen Gebieten ist die Selbstmordrate höher als in katholischen; in Stadtvierteln mit großem Anteil an Arbeitern ist der Stimmanteil der Kommunisten größer als in anderen Vierteln).

Zur Illustration der Beziehungen zwischen Kollektiv- und Individualkorrelation entnehmen wir R. B o u d o n (1967) folgendes numerisches Beispiel (vgl. hierzu auch schon E. L. Thorndike 1939).

Wir haben für vier Kollektive (z.B. Viertel einer Stadt) für die entsprechenden Individuen festgestellt, ob diese Arbeiter oder Nicht-Arbeiter (X bzw. $\overline{X}$) sind und in der letzten Wahl eine bestimmte Partei gewählt haben oder

nicht (Y bzw. $\bar{Y}$). Das Ergebnis sähe folgendermaßen aus:
(Wir nehmen dabei an, daß in jedem Gebiet 100 Personen aus-
gewählt wurden, so daß sich absolute nicht von prozentualen
Werten unterscheiden).

				Arbeiter		
				ja	nein	
Kollektiv				X	$\bar{X}$	
I	Stimmab-gabe für eine be-stimmte Partei	ja	Y	0	20	20
		nein	$\bar{Y}$	20	60	80
				20	80	
II			Y	0	40	40
			$\bar{Y}$	40	20	60
				40	60	
III			Y	20	40	60
			$\bar{Y}$	40	0	40
				60	40	
IV			Y	60	20	80
			$\bar{Y}$	20	0	20
				80	20	

Den Randsummen entnimmt man, daß sich beispielsweise unter
den Mitgliedern des Kollektivs II 40 % Arbeiter und 40 %
Wähler der betreffenden Partei befinden. Aufgrund der für
jedes Gebiet feststellbaren Randverteilungen der X- bzw.
Y-Werte kann man eine neue Tabelle konstruieren, welche
die Verteilung der einzelnen Kollektive nach dem Prozentsatz an Akteuren mit den positiven Ausprägungen der Variablen X und Y angibt:

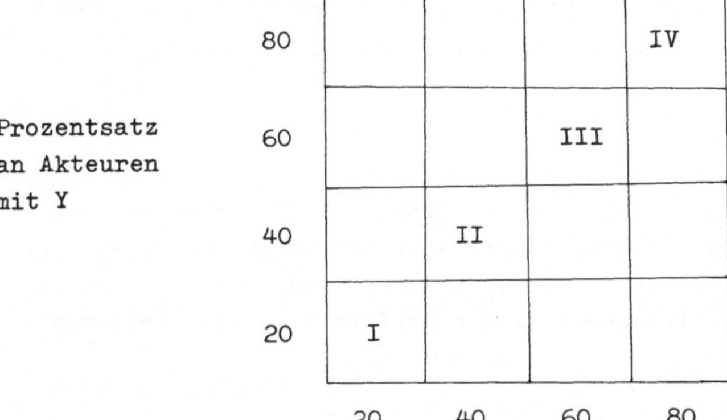

Je größer der Anteil an Arbeitern (X) in einem Kollektiv,
desto größer ist der Anteil an Wählern der relevanten Partei (Y). Die kollektive Korrelation ist positiv und per-
fekt.

Konstruiert man aus den vier Tabellen eine neue, indem man
alle korrespondierenden Felder aufaddiert, so erhält man
die Verteilung aller individuellen Akteure gemäß den Merkmalen X und Y, unabhängig davon, zu welchen Kollektiven
sie jeweils gehören. Während die kollektive Korrelation
den Wert +1 aufweist, ist die totale individuelle Korre-

lation zwischen beruflichem Status und Parteiwahl negativ
und beträgt $\varphi = -0.20$

	X	$\overline{X}$	
Y	80	120	200
$\overline{Y}$	120	80	200
	200	200	400

Darüber hinaus ist festzustellen, daß die individuellen
Korrelationen innerhalb der vier Kollektive dem Wert nach
variieren, obwohl sie alle negativ sind. Die Korrelationen
zwischen individuellen Eigenschaften sind also kontextab-
hängig.

Bekannt geworden ist das Beispiel von W.S. R o b i n s o n
(1950), der in besonders eindringlicher Weise auf die mögliche Diskrepanz zwischen individueller und ökologischer
oder - wie wir sagen wollen - kollektiver Korrelation hin-
wies. R o b i n s o n errechnete die "ökologische" Korrelation zwischen Analphabetismus und Prozentsatz von Negern
für die US-amerikanischen <u>Staaten</u> im Jahre 1930 und erhielt
einen Wert von 0.773. Daraus zu schließen, daß Neger in einem höheren Maße Analphabeten sind als Weiße, ist jedoch
kaum berechtigt: die <u>individuelle Korrelation</u> beträgt nur
0.203. Faßt man die einzelnen Staaten zu <u>neun</u> geographischen <u>Gebieten</u> zusammen, so steigt die ökologische Korrelation sogar noch von 0.773 auf 0.946.

Für den Zusammenhang zwischen dem Analphabetentum und dem
Einwandererstatus stellte R o b i n s o n eine Umkehrung
der Beziehungen fest: Die totale individuelle Korrelation
war schwach positiv (φ = 0.12), die kollektive jedoch
stark negativ (r = - 0.53 für Staaten und r = - 0.62 für
die größeren Gebiete).

Eine kleine Überlegung zeigt bereits, warum es unmöglich
ist, von einer kollektiven auf eine individuelle Korrelation zu schließen. Wenn wir unsere fiktiven Tabellen betrachten, so sehen wir, daß beide Korrelationswerte von
der individuellen Korrelation innerhalb der einzelnen Gebiete abhängen, aber in verschiedener Weise:

1. Die totale individuelle Korrelation ergibt sich aufgrund der internen Verteilungen der individuellen
   Werte innerhalb aller Gebiete.

2. Die kollektive Korrelation resultiert dagegen aus den
   Randverteilungen der individuellen Werte innerhalb
   eines jeden Gebietes.

Nun sind jedoch allein aufgrund der Randverteilungen einer
Vierfeldertabelle die Eingänge nicht bestimmt, wohl aber
werden maximale und minimale Werte festgelegt. Diese Tatsache kann dazu verwandt werden, bei gegebener kollektiver
Korrelation Extremwerte für die Individualkorrelation zu
bestimmen (O. D. Duncan u. B. Davis 1953).

Nehmen wir beispielsweise ein Kollektiv mit den beiden
Randverteilungen (20,80) bzw. (10,90). Wieviele Personen
nun z.B. die Kombination XY aufweisen, ist zunächst völlig
offen. Erst wenn ein Eingang der vier Felder gegeben ist,
sind auch alle anderen bestimmt, und die totale individuelle Korrelation hängt von diesen internen Häufigkeiten

in allen Feldern für alle Gebiete ab. Wir können jedoch bei
gegebener Randverteilung folgende Schlüsse ziehen:

	X	$\overline{X}$	
Y	$0 \leq XY \leq 10$	$10 \leq \overline{X}Y \leq 20$	20
$\overline{Y}$	$0 \leq X\overline{Y} \leq 10$	$70 \leq \overline{X}\overline{Y} \leq 80$	80
	10	90	

1. Die Häufigkeit von XY kann nicht größer sein als 10, denn
bei diesem Wert wird die Häufigkeit von $\overline{X}\overline{Y}$ gemäß der Randverteilung von X gleich Null. Allgemein gilt: Der Eingang
für XY kann nicht größer sein als der kleinere Wert von X
oder Y: $XY \leq \min \{X,Y\}$

2. Die untere Grenze der Besetzung eines Tabellenfeldes
wird festgelegt durch die Abstände der Obergrenzen der beiden benachbarten Felder zu den jeweiligen Randverteilungen.
(Im Zahlenbeispiel gilt, daß XY den Wert von Null als Untergrenze annehmen kann; daß dies nicht notwendig immer der
Fall sein muß, ersieht man aus der Untergrenze von $\overline{X}Y$, welche festgelegt ist durch die Randsumme von 20 und den maximalen Wert von XY, welcher 10 beträgt, bzw. durch den Rand-
wert von 90 und den Maximalwert von $\overline{X}\overline{Y}$, welcher 80 beträgt.)
Allgemein gilt:

$$\min \{ Y - \max \overline{X}Y, X - \max X\overline{Y} \} \leq XY$$

Bei gegebenen Randverteilungen sehen also beide extremen internen Verteilungen, die einmal die Korrelation in diesem
Kollektiv maximieren und einmal minimieren, folgendermaßen
aus:

10	10
0	80

0	20
10	70

Hat man für jedes Kollektiv mögliche Extremwerte der internen Verteilungen bestimmt, kann man Ober- und Untergrenze der totalen individuellen Verteilung angeben. Damit dieses Verfahren jedoch zu einem sinnvollen Ergebnis führt, müssen die jeweiligen Extremwerte relativ nahe beieinander liegen. Dies ist aber eine Frage des Einzelfalles, wenn man auch einige allgemeine Bedingungen dafür angeben kann (H. Selvin 1958; R. Boudon 1967, S. 177-182).

4.3. Mathematisch-statistischer Zusammenhang zwischen kollektiver und individueller Korrelation: Das Kovarianztheorem

Um festzustellen, welche möglichen Zusammenhänge zwischen den verschiedensten Korrelationen in den Fällen bestehen können, wenn die Einheiten gruppiert sind, also Kollektive bilden, erwähnen wir das sog. Kovarianztheorem. Dies ist eine analytische Identität, d.h. es ist rein arithmetisch beweisbar und damit für alle Kollektive und Einheiten notwendigerweise erfüllt. Die Betrachtung der verschiedenen Komponenten ermöglicht jedoch eine Reihe wichtiger Erkenntnisse, insbesondere der Bedingungen, die in bestimmten Spezialfällen erfüllt sind.

Daß wir die empirischen Zusammenhänge von zwei Variablen X und Y auf der Ebene der Einheiten und der Ebene der Kollektive durch Kovarianzen darstellen, bedeutet keine wesentliche Einschränkung der Problematik, da aus den Kovarianzen jeweils durch entsprechende Standardisierung die Korrelationen zu gewinnen sind. Außerdem sind beide in einem wichtigen Spezialfall bezüglich ihrer Konsequenzen äquivalent: eine Korrelation verschwindet genau dann, wenn die Kovarianz gleich Null ist. Die Verwendung von Kovarianzen ist aus zwei Gründen vorteilhaft: a) die Beziehungen werden besonders einfach und b): da im Gegensatz zu Korrelationen Varianzen nicht berücksichtigt werden, Varianzen jedoch von Population zu

Population variieren, hat man populationsspezifische Be-
sonderheiten, die bei der Betrachtung der Zusammenhänge
nur zusätzliche **Verwirrung stiften könnten, ausgeschaltet.**

Gehen wir von n Einheiten aus, die sich auf insgesamt K
Kollektive (Klassen, Kategorien, Gruppen) verteilen. Die
Häufigkeit der Einheiten im k-ten Kollektiv sei n_k: es
gilt also $n = \sum_{k=1}^{K} n_k$.

Die Einheiten werden durch zwei metrische Variablen X und
Y beschrieben, deren empirische Zusammenhänge verschiedens-
ter Art zur Diskussion stehen. Dabei bedeute X_{ik} den Wert
der Variablen X bei der i-ten Einheit in dem k-ten Kollek-
tiv; analog Y_{ik}. Für den <u>Gesamtmittelwert</u> $\overline{X}$ (N.B. Diese
Schreibweise ist nicht zu verwechseln mit der der vorangegangenen Abschnitte!) bzw. den <u>Mittelwert</u> x_k im <u>k-ten Kol-
lektiv</u> gilt

$$\overline{X} = \frac{1}{n} \sum_{k=1}^{K} \sum_{i=1}^{n_k} X_{ik}; \quad x_k = \frac{1}{n_k} \sum_{i=1}^{n_k} X_{ik}$$

Dabei ist der Gesamtmittelwert das mit den Besetzungszahlen
der Kollektive gewichtete Mittel der Mittelwerte in den einzelnen Kategorien; nur im Falle, daß sämtliche Kollektive
gleich stark besetzt sind, ist der Gesamtmittelwert arithmetisches Mittel der Kollektivmittelwerte:

$$\overline{X} = \sum_{k=1}^{K} \frac{n_k}{n} x_k; \quad \text{falls } n_k = \frac{n}{K} : \overline{X} = \frac{1}{K} \sum_{k=1}^{K} x_k$$

Bekannt ist, daß die Kovarianz von X und Y in der Gesamtheit aller Einheiten (<u>totale Kovarianz</u>) als durchschnittliche Produktsumme der Werte der zentrierten Variablen X
und Y definiert ist, wobei zur Zentrierung die Gesamtmit-
telwerte $\overline{X}$ und $\overline{Y}$ verwandt werden:

$$(1)\ \text{Cov}(X,Y) = C_{XY} = \frac{1}{n} \sum_{k=1}^{K} \sum_{i=1}^{n_k} (X_{ik} - \overline{X})(Y_{ik} - \overline{Y})$$

Zerlegt man die Abweichungen der individuellen Werte vom
Gesamtmittelwert in eine Abweichung vom Mittelwert des jeweiligen Kollektivs und des letzteren vom Gesamtmittelwert –
benutzt also für X und Y die beiden tautologischen Beziehungen der Form

$$X_{ik} - \overline{X} = (X_{ik} - x_k) + (x_k - \overline{X})$$

so erhält man für die totale Kovarianz:

$$C_{XY} = \frac{1}{n} \sum_{k=1}^{K} \sum_{i=1}^{n_k} \left[(X_{ik} - x_k) + (x_k - \overline{X}) \right] \cdot \left[(Y_{ik} - Y_k) + (y_k - Y) \right]$$

Beim Ausmultiplizieren ist zu beachten, daß für die "gemischten" Produktsummen gilt:

$$\sum_k \sum_i (x_k - \overline{X})(Y_{ik} - y_k) = \sum_k \sum_i (X_{ik} - x_k)(y_k - Y) = 0$$

so daß man erhält

$$(2) \quad \text{Cov}(X,Y) = \frac{1}{n} \sum_{k=1}^{K} \sum_{i=1}^{n_k} (X_{ik} - x_k)(Y_{ik} - y_k) + \frac{1}{n} \sum_{k=1}^{K} \sum_{i=1}^{n_k} (x_k - \overline{X})(y_k - Y)$$

bzw.

$$C_{XY} = I\,C_{XY} + E\,C_{XY}$$

wenn man die folgenden Definitionen für die <u>externe Kova-
rianz</u> EC_{XY} und die <u>mittlere interne Kovarianz</u> IC_{XY} einführt:

$$(3a) \quad EC_{XY} = \frac{1}{n} \sum_{k=1}^{K} \sum_{i=1}^{n_k} (x_k - \overline{X})(y_k - Y) = \frac{1}{n} \sum_{k=1}^{K} n_k (x_k - \overline{X})(y_k - Y)$$

$$(3b) \quad IC_{XY} = \frac{1}{n} \sum_{k=1}^{K} \sum_{i=1}^{n_k} (X_{ik} - x_k)(Y_{ik} - y_k)$$

Die <u>externe Kovarianz</u> gibt an, wie stark die Unterschiede in den X- und Y-Werten <u>zwischen den Kollektiven</u> miteinander kovariieren. Sie ist jedoch im allgemeinen nicht gleich der Kovarianz der x_k- und y_k-Werte, also gleich der kollektiven oder "ökologischen" Kovarianz, da bei der Berechnung der letzteren jedes Kollektiv unabhängig von der Besetzungsstärke als jeweils eine Einheit Berücksichtigung findet. "Ökologische" und externe Kovarianz sind dann gleich, wenn alle Kollektive gleich stark besetzt sind. Im allgemeinen Falle erhält man die externe Kovarianz, indem man entweder über alle Einheiten summiert oder bei Summierung über die Kollektive die Produkte mit den Besetzungsstärken gewichtet. Wir wollen jedoch für das folgende und in § 5 verabreden, bei der Berechnung der kollektiven Kovarianz immer über alle n Einheiten zu summieren, also in unserem Zusammenhang $\text{Cov}(x_k, y_k)$ als andere Schreibweise für EC_{XY} ansehen. Analog ist dann mit $\text{Var}(x_k)$ die externe Varianz EC_{XX} gemeint, also die Variation der x_k-Werte bei entsprechender Gewichtung.

Die mittlere interne Kovarianz läßt sich nun wie folgt weiter zerlegen

$$IC_{XY} = \sum_{k=1}^{K} \frac{n_k}{n} \left[\frac{1}{n_k} \sum_{i=1}^{n_k} (X_{ik} - x_k)(Y_{ik} - y_k) \right] = \sum_{k=1}^{K} \frac{n_k}{n} \, C_{XY.k}$$

Dabei definieren wir $C_{XY.k}$ oder auch $\text{Cov}_k (X,Y)$ als <u>Kovarianz</u> der Variablen X und Y <u>innerhalb des k-ten Kollektivs</u> in naheliegender Weise:

$$(3c) \quad C_{XY.k} = \text{Cov}_k(X,Y) = \frac{1}{n_k} \sum_{i=1}^{n_k} (X_{ik} - x_k)(Y_{ik} - y_k)$$

Unter Verwendung dieser Definition läßt sich (2) also folgendermaßen schreiben:

$$(4)\quad \mathrm{Cov}(X,Y) = C_{XY} = EC_{XY} + \sum_{k=1}^{K} \frac{n_k}{n}\, \mathrm{Cov}_k\,(X,Y)$$

<u>Kovarianztheorem: Die totale Kovarianz von zwei Variablen läßt sich darstellen als Summe aus externer Kovarianz und einem gewichteten Durchschnitt der internen Kovarianzen innerhalb der einzelnen Kollektive.</u>

Führt man entsprechende Standardisierungen durch, so erhält man aus dem Kovarianztheorem eine analoge Formel für <u>Korrelationskoeffizienten</u>:

$$(5)\quad R_{XY} = IR_{XY}\sqrt{(1-\eta_{XK}^{2})(1-\eta_{YK}^{2})} + ER_{XY}\cdot\eta_{XK}\cdot\eta_{YK}$$

Hierbei ist $R_{XY} = \mathrm{Corr}(X,Y)$ die (totale) Korrelation beider Variablen in der Gesamtpopulation, IR_{XY} die mittlere interne Korrelation, ER_{XY} die externe Korrelation-also $\mathrm{Corr}(x_k,y_k)$, wenn man wiederum als Einheiten, deren Merkmale korreliert werden, die Individuen und nicht die Kollektive nimmt – und schließlich η_{XK}^{2}, η_{YK}^{2} die Korrelationsverhältnisse als Verhältnisse der Varianzen zwischen den K Kollektiven zur jeweiligen Gesamtvarianz, also z.B.

$$\eta_{XK}^{2} = \frac{\mathrm{Var}\,(x_k)}{\mathrm{Var}\,(X)} = \frac{\frac{1}{n}\sum_{k} n_k\,(x_k - \bar{X})^{2}}{\frac{1}{n}\sum_{k}\sum_{i}(X_{ik} - \bar{X})^{2}}$$

Schließlich kann man auch den totalen <u>Regressionskoeffizenten</u> (Regression von Y auf X in der Gesamtpopulation) analog zu (4) und (5) in der Weise zerlegen, daß seine Komponenten Koeffizienten der externen Regression und seiner mittleren internen Regression sind (s. dazu im einzelnen z.B. O.D. Duncan, R.P. Cuzzort u. B. Duncan 1961; H. Alker 1969).

Bis jetzt war bei den beiden Variablen, deren empirische Zusammenhänge in der unterschiedlichsten Weise ausgedrückt wurden, vorausgesetzt worden, daß sie metrischer Art sind. Man kann jedoch völlig analoge Überlegungen für Dichotomien anstellen und erhält das <u>Kovarianztheorem für zwei Indikatorvariablen</u> beispielsweise in folgender Form (R. Boudon 1967, S. 169-176):

$$(6) \qquad \varphi_{e_1 e_2} = r_{12}\, s_1\, s_2 + \sum_{k=1}^{K} p_k\, \varphi_{12.k}\, e_{1.k}\, e_{2.k}$$

Hierbei gelten folgende Abkürzungen:

φ_{12} : Koeffizient der Vierfelderkorrelation der beiden Indikatorvariablen (berechnet für die Gesamtheit). Eine Indikatorvariable einer Eigenschaft ordnet einer Einheit genau dann den Wert 1 zu, wenn sie die Eigenschaft besitzt und sonst den Wert O.

$\varphi_{12.k}$: Wert der gleichen Korrelation innerhalb des k-ten Kollektivs

e_1^2, e_2^2, $e_{1.k}^2$, $e_{2.k}^2$: "Varianzen" der Indikatorvariablen in der Gesamtheit bzw. den einzelnen Kollektiven

$p_k = \dfrac{n_k}{n}$: Relativer Anteil der Einheiten im k-ten Kollektiv

r_{12}: Korrelation der Prozentsätze als Werte von metrischen Variablen für die Kollektive (bei entsprechender Gewichtung!)

s_1^2, s_2^2: (Gewichtete!) Varianzen der Prozentsätze

4.4. <u>Die Typologie von Fehlschlüssen von Hayward R. Alker</u>

Meist steht bei der Diskussion der Beziehungen zwischen Individualdaten und Kollektivdaten das Problem des "ökologischen" Fehlschlusses im Vordergrund. Tatsächlich gibt es

jedoch eine Vielzahl von möglichen Fehlschlüssen, die sich
anhand des Kovariantheorems erläutern lassen (H. R. Alker
1969; einige der unten aufgeführten Beispiele wurden Rolf
Ziegler 1972 entnommen). Grundlage ist also die Zerlegung
der totalen Kovarianz in einzelne Komponenten, wie dies in
der folgenden Abbildung graphisch geschehen ist (dabei bedeuten die Kreise um die "+"-Zeichen, daß bei der Summen-
bildung Gewichte zu verwenden sind):

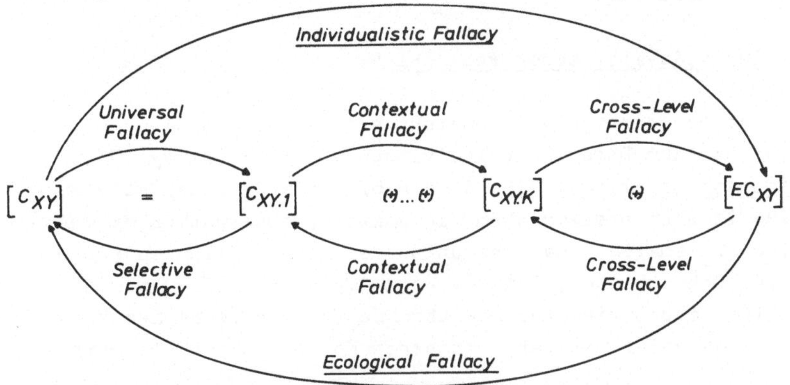

Abb. 15   Typologie von Fehlschlüssen
          (Quelle: H. R. Alker 1969, S. 79)

1. <u>Gruppenfehlschluß</u> (ecological fallacy; M. W. Riley:
   aggregative fallacy)

Hier bezieht sich die Forschungshypothese auf Individuen, es
liegen aber nur Daten über Kollektive vor (M.W. Riley 1963,
S. 704 f.). Wie E.K. S c h e u c h schreibt, besteht die Gefahr dieses Fehlschlusses ganz allgemein immer dann, wenn
"The unit to which the inference refers is smaller than the
unit either of observation or of counting" (1966, S. 164).
Wenn der Schluß von der externen Kovarianz auf die totale
Kovarianz gültig sein soll, muß vorausgesetzt werden, daß
die mittlere interne Kovarianz gleich Null ist, was bedeutet,
daß sämliche internen Kovarianzen verschwinden oder sich
gegenseitig aufheben. (Für die Gültigkeit eines solchen

Schlusses, dessen Intention es ist, Beziehungen auf der individuellen Ebene zu inferieren, muß also die absurde Voraussetzung gemacht werden, daß letztere reine Scheinbeziehungen sind, die durch die Gruppierung in Kollektive erzeugt werden und entsprechend innerhalb der Kollektive wegfallen, bzw. daß es überhaupt keine für alle Einheiten gleiche Beziehung gibt, sondern diese sich in verschiedenen Kontexten umkehrt!)

2. Individualistischer Fehlschluß

Die Forschungshypothese bezieht sich auf Kollektive, es liegen aber nur Daten über Individuen vor (M.W. Riley 1963: atomistic fallacy). "The danger of the individualistic fallacy is then present when the units of observation or counting are smaller than the units to which inferences are made" (E.K. Scheuch 1966, S 164). Wenn dieser Schluß gültig sein sollte, müßte wiederum die absurde Voraussetzung des Verschwindens der mittleren internen Kovarianz erfüllt sein.

Ein Beispiel für die Generalisierung von individuellem Verhalten auf Kollektivbeziehungen wäre folgender Art: Arbeiterstatus korreliert positiv mit politischer Radikalität; also: Staaten mit einem hohen Grad ökonomischer Entwicklung und damit einer großen Zahl von Arbeitern sind durch einen relativ hohen Grad politischer Radikalität gekennzeichnet. Auch R. M i c h e l s hatte es in seinem "Ehernen Gesetz der Oligarchie" mit diesem Phänomen zu tun: Zwar konnte er voraussetzen, daß Sozialisten vielleicht "anti-autoritärer" sind als Konservative; aber sozialistische Parteien müssen deshalb nicht weniger oligarchisch sein als konservative.

3. "Cross-level fallacy"

Hier handelt es sich um ähnliche Arten von Fehlschlüssen wie die beiden schon erwähnten, nur bezieht man sich bei-

spielsweise nicht auf individuelles Verhalten generell,
sondern auf solches in einem partikulären Kontext. Beispiele
wären spieltheoretische Ansätze zur Analyse internationaler
Beziehungen, bei denen eine Korrespondenz zwischen Eigenschaften von Staaten und bestimmten Akteuren in ganz speziellen Situationen unterstellt werden.

Wie wir jedoch wissen, besteht keine eindeutige Beziehung
zwischen der externen Kovarianz und der Kovarianz innerhalb
eines Kollektivs, auch nicht der mittleren internen Kovarianz: Obwohl in allen Teil-Kollektiven eine Beziehung sich
vielleicht in gleicher Weise bestätigt, muß sie nicht auf
der kollektiven Ebene gelten: Eine für alle Staaten gültige
negative Beziehung zwischen der Wahl kommunistischer Parteien und Industrialisierung eines Landes, gemessen durch
den Prozentsatz an Arbeitern in der Bevölkerung, ist damit
vereinbar, daß innerhalb eines jeden Staates die Beziehung
zwischen Wahl und Arbeiterstatus positiv ist (s. dazu im
einzelnen § 5.3).

4. Kontextuelle Fehlschlüsse

Dies sind wohl die bekanntesten Formen von Fehlschlüssen:
Annahmen der Art, daß das, was in einem Kontext gültig ist,
auch für andere, u.U. sogar alle, Kontexte gilt. Beispiele
wären die Übertragung von für kapitalistische Gesellschaften
gültige Beziehungen auf sozialistische oder Länder der Dritten Welt bzw. umgekehrt die Übernahme revolutionärer Strategien und Taktiken aus feudalistischen und frühkapitalisti-
schen Gesellschaften in hochindustrialisierten und urbani-
sierten Systemen.

5. Selektiver Fehlschluß

Hier geht es um die Frage der Generalisierung von Ergebnis-
sen innerhalb bestimmter Kollektive auf die Gesamtheit.

Falls die Kollektive Wahrscheinlichkeitsauswahlen der Gesamtheit darstellen, ist dieses Problem mit Hilfe der üblichen Prozeduren statistischer Inferenz zu lösen. Tatsächlich aber sind die Kollektive i.a. keine Auswahlen der Gesamtheit aus allen Zeiten und Orten, sondern sie klumpen in bestimmten raumzeitlichen Regionen: es sind Staaten, Stadtviertel, Arbeitsorganisationen etc., über welche sich die Einheiten erstrecken, und die einzelnen Kollektive klumpen in verschiedenen Regionen. Dann gilt aber im allgemeinen: a) Die untersuchten Kollektive sind homogen bezüglich vieler Variablen, die für die Verteilung der untersuchten X- und Y-Werte relevant sind, weisen also für letztere externe Varianzen und Kovarianzen auf; b) Die untersuchten Kollektive sind homogen bezüglich solcher Merkmale, die für X und Y <u>kausal</u> relevant sind, wodurch die Möglichkeit entsteht, daß die Beziehung von X und Y in der Gesamtheit eine Scheinbeziehung ist.

In der Tat ist die Annahme plausibel, daß die im Robinson-Beispiel (§ 4.2) festgestellte totale individuelle Korrelation zwischen rassischer Zugehörigkeit und Analphabetentum von $\varphi = 0.20$ nur eine Scheinkorrelation ist. Die neun geographischen Regionen, für die eine ökologische Korrelation von ungefähr $r = 0.95$ errechnet wurde, sind nämlich homogen nach dem Grad der Industrialisierung und Urbanisierung. Nimmt man an, daß die Hälfte der Varianz der individuellen Merkmale durch die Gruppierung in die neun Regionen erklärbar ist, ist eine durchschnittliche interne Korrelation von fast Null zu erwarten; es werden sich deshalb sämtliche internen Korrelationen in der Nähe von Null bewegen, da sich die individuellen Beziehungen innerhalb der Regionen kaum umkehren werden (vgl. im einzelnen H.R. Alker 1969, S. 83-86).

6. Universalistischer Fehlschluß

Hier geht es um das Problem, ob eine in der Gesamtheit festgestellte Beziehung auch in den einzelnen Kollektiven repräsentiert wird. Wenn man von der totalen Kovarianz auf die
internen Kovarianzen schließen möchte, müssen zwei Bedingungen erfüllt sein: a) Abwesenheit von Kontexteffekten
(alle internen Kovarianzen sind gleich und damit auch gleich
der mittleren internen Kovarianz); b) Es liegt keine Gruppierung mit Homogenität der Kollektive vor (die externen
Varianzen und damit auch die externe Kovarianz sind Null.)

Bei der Diskussion des Robinson-Beispiels hatten wir jedoch
den Fall kennengelernt, in welchem einer von Null verschiedenen totalen Kovarianz <u>interne Kovarianzen</u> entsprechen,
welche <u>alle Null</u> sind: Betrachten wir dazu Gleichung (6) von
§ 4.3, so erhalten wir wegen $\varphi_{12.k} = 0$ (k=1...K) für den Zusammenhang zwischen (totaler) individueller und "ökologischer"
Korrelation:

$$\varphi_{12} \, e_1 \, e_2 = r_{12} \, s_1 \, s_2$$

Hieraus ergeben sich zwei Konsequenzen, die man auch im
Robinson-Beispiel antreffen konnte:

1. Da aus rein arithmetischen Gründen die Ungleichheit
$e_1 \, e_2 > s_1 \, s_2$ erfüllt ist (genaugenommen gilt nur die schwache Ungleichheit, aber Gleichheit kann nur eintreten, wenn
alle Prozentsätze in allen Kollektiven gleich 1 sind), erhält man: $\varphi_{12} < r_{12}$. <u>Der Koeffizient der ökologischen Korrelation ist größer als der der individuellen.</u>

2. Bei der Gruppierung der Kollektive zu größeren Einheiten
sinken i.a. die Varianzen in den Prozentsätzen (sie können
auf jeden Fall nicht steigen!). Die Varianzen der individuellen Merkmale e_1^2 und e_2^2 bleiben von der Gruppierung jedoch
unberührt, da sie für die Gesamtpopulation berechnet werden.

Das bedeutet jedoch: <u>Bei einer Zusammenfassung zu größeren
Einheiten wird der Wert der ökologischen Korrelation i.a. an-
steigen.</u>

Im übrigen gelten diese beiden Konsequenzen nicht nur für
den Fall, daß die internen Kovarianzen verschwinden, sondern
daß der aufgrund der Besetzungszahlen gewichtete Durchschnitt
der individuellen Korrelationen innerhalb der Kollektive gegenüber dem totalen individuellen Korrelationskoeffizienten
relativ klein wird (im einzelnen s. R. Boudon 1967, S. 169-
176).

4.5.   <u>Der Zweck der Analyse von Kollektivdaten</u>

Die bisherigen Ausführungen, welche zeigten, daß die Werte
der kollektiven Korrelationen von denen der entsprechenden
individuellen völlig verschieden sein können, mögen den Ein-
druck erweckt haben, als seien Kollektivdatenanalysen wert-
los. Dies wäre dann der Fall, wenn solche Analysen ausschließlich als Substitut für nicht vorhandene Individual-
analysen dienen könnten, eine Ansicht, die W.S. R o b i n -
s o n, der "Entdecker" des ökologischen Fehlschlusses -
besser der "Wiederentdecker", denn das Phänomen war schon
E.L. T h o r n d i k e (1939) bekannt -, folgendermassen
ausdrückte: "In each study which uses ecological correlations, the obvious purpose is to discover something about
the behavior of individuals. Ecological correlations are
used simply because correlations between the properties of
individuals are not available .." (1950, S. 352).

In einer Kritik dieses zu weitgehenden Verdiktes von W.S.
R o b i n s o n betonte H. M e n z e l, daß "ecological
correlations may be of great value even without reflecting
individual correlations, and that they are indeed used by
many researchers without any thought of serving as substi-
tutes for the latter" (1950, S. 674).

Ökologische Daten können dazu verwandt werden, Kollektive
zu kennzeichnen, die selbst dann wiederum als kontextuelle
Merkmale für Beziehungen auf der Ebene von Individuen relevant sein können ("In principle, ecological data are contextual variates ..."; P.F. Lazarsfeld 1959, S. 72). So ist
zu sagen, daß Kollektivdaten ein wesentlicher Bestandteil
sind in Untersuchungen über das komplexe Zusammenspielen von
Variablen auf verschiedenen Ebenen. Die Ansatzpunkte einer
solchen Strategie mag die folgende Zeichnung veranschauli-
chen:

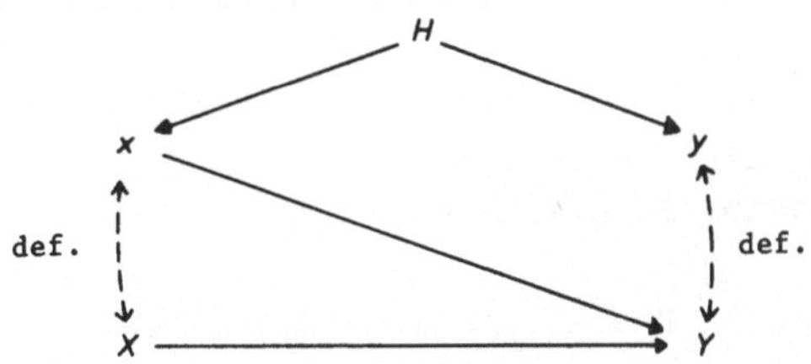

Abb. 16   Zusammenhang zwischen individuellen
und kollektiven Beziehungen

Erläuternd ist hierzu folgendes zu bemerken:

1. Man betrachtet zunächst die Beziehungen auf der Ebene individueller Akteure, wobei Kollektiveigenschaften spezieller
Art als Kontextmerkmale Berücksichtigung finden; dies sind
die Gruppenkompositionshypothesen (s. § 3). Aufgrund der
verschiedenen Arten von Kontextwirkungen lassen sich dann
<u>auf der Ebene der Kollektive bestimmte Beziehungen als de-
duktive Konsequenzen der Beziehungen auf der Ebene der In-
dividuen</u> formulieren. Die dabei betrachteten kollektiven
Merkmale x_k und y_k werden definitorisch als Funktionen der
Verteilungen der individuellen Merkmale X und Y eingeführt.
Um im einzelnen die deduktiven Konsequenzen formulieren und
umgekehrt feststellen zu können, welche möglichen Individualbeziehungen bestimmten Arten von Kollektivbeziehungen zu-

grundeliegen können, wird es notwendig, die Theorie linearer Kausalstrukturen zu verwenden (s. § 5).

2. Der Erklärung der Kollektivbeziehungen als deduktive Konsequenzen von Individualbeziehungen (einschließlich bestimmter Kontexteffekte) steht als Alternative die <u>Erklärung mit Hilfe anderer kollektiver Merkmale</u> gegenüber. So gibt nach M e n z e l das von R o b i n s o n verwandte Beispiel einen Hinweis für einen möglichen Zusammenhang auf der Ebene der Kollektive: Bestimmte historische Umstände haben zu einer Korrelation zwischen dem Anteil der Farbigen und der Analphabeten geführt: diejenigen Staaten, die eine große Negerbevölkerung besitzen, sind gleichzeitig auch diejenigen Staaten, die die Entwicklung ihres Schulsystems vernachlässigten (1950, S. 674).

Historische Ursachen H erklären hier die gleichsinnige Variation der x_k- und y_k-Werte. Die Beziehung zwischen beiden kollektiven Variablen ist eine Scheinkorrelation, welche für Staaten, die bezüglich der relevanten kollektiven Merkmale (welche nicht notwendigerweise globaler Art im Sinne der Klassifikation von § 1 sein müssen!) homogen sind, wegfällt.

5.   **Mehrebenenanalyse und lineare Kausalstrukturen**

Wie wir am Ende des vorigen Kapitels ausführten, besteht
eine mögliche Strategie von Zwei-Ebenen-Analysen darin, zu
überprüfen, ob eine bestimmte für die Ebene von Kollektiven
gültige Aussage als deduktive Konsequenz von Aussagen behauptet werden kann, welche auf der Ebene von Individuen
gültig sind.

Eine Untersuchung dieser Möglichkeit bietet sich immer dann
an, wenn es sich bei der zur Diskussion stehenden kollektiven Beziehung um eine des Typs I handelt, d.h. wenn sie analytische Merkmale miteinander verbindet, deren "Äquivalente"
sich auf der Ebene von Individuen nicht ausschliessen
(§ 4.2). Beispiele für Aussagen diesen Typs findet man in
den Gebieten, in denen schon immer gerne "ökologische Analysen" durchgeführt wurden und werden, also insbesondere
der Devianz- und Wahlforschung. Nehmen wir die kollektive
Aussage "Je höher in einem Stadtgebiet der Prozentsatz an
Personen mit einem bestimmten sozioökonomischen Status, desto geringer ist die Kriminalitätsrate". Hier liegt es nahe,
eine Reihe von Aussagen zu formulieren, die Prozesse oder
Abhängigkeiten auf der Ebene individueller Akteure beschreiben, und zu prüfen, ob sich die Beziehung auf der Ebene der
Kollektive aus diesen Individualaussagen ableiten läßt. Dabei dürfte es sich i.a. allerdings als notwendig erweisen,
die individuellen Hypothesen so zu formulieren, daß in ihnen
Prozesse der interpersonellen Beeinflussung bzw. von Wirkungen der für die betrachteten Individuen relevanten Kontexte
berücksichtigt werden.

Nun zeigt es sich jedoch, daß eine rein verbale Behandlung
des <u>Problems, aus bestimmten Individualaussagen Aussagen
für Kollektive zu deduzieren,</u> kaum möglich ist, so daß man
gezwungen ist, zu seiner Lösung ein gewisses Maß an Formalisierung in Kauf zu nehmen. Deshalb sollen im folgenden

die sog. linearen Kausalstrukturen verwandt werden, bei
denen es sich im wesentlichen um eine Verallgemeinerung der
Regressionsanalyse handelt; d.h. die zu diskutierenden Indi-
vidual- bzw. Kollektivaussagen werden in Form von algebrai-
schen Gleichungen ausgedrückt, die i.a. linear sind.

Ursprünglich wurde auf die Regressionsanalyse deshalb zu-
rückgegriffen, weil ihre Verwendung es erlaubt, unter gewissen einschränkenden Bedingungen das im vorigen Kapitel
diskutierte Problem der Vermeidung eines ökologischen Fehlschlusses zu lösen, d.h. aus Kollektivkorrelationen "entsprechende" Individualkorrelationen zu erschließen. Da aber
auch bei dieser Vorgehensweise implizit vorausgesetzt wird,
daß die kollektive Beziehung das Resultat zugrundeliegender
individueller Beziehungen ist, wollen wir der umgekehrten
Richtung, nämlich der Deduktion von Kollektivaussagen aus
Individualaussagen, genausoviel Aufmerksamkeit widmen. Denn
der erwähnte Schluß "nach rückwärts" ist nur dann legitim,
wenn garantiert ist, daß es zu jeder Form von Kollektivbeziehung eine und nur eine Form von Individualbeziehung gibt.
Im Laufe der Analyse wird sich jedoch zeigen, daß diese Voraussetzung i.a. nicht erfüllt ist: <u>Völlig unterschiedliche
Prozesse auf der Ebene von Individuen können auf der Ebene
von Kollektiven die gleiche Konsequenz haben</u>, so daß erstere
von daher nicht identifiziert werden können.

Literaturhinweise für die folgenden Ausführungen: R. Boudon
1963, 1967, Kap. 5; L.A. Goodman 1953, 1959; Th. Harder und
F.U. Pappi 1969; Th. Harder 1969[a;b]; F. Isambert 1960;
J. Klatzman 1966; A. Przeworski und H. Teune 1970, Kap. 3
und 4; W.Ph. Shiveley 1969; T. Valkonen 1969; R. Ziegler
1972, Kap. 4.5.

5.1. Die Verwendung der Regressionsanalyse zur Bestimmung der individuellen Zusammenhänge

Gehen wir von einem einfachen Beispiel der Wahlsoziologie aus, nämlich der Frage, wie eine Person bei der Wahl einer bestimmten Partei durch ihren sozioökonomischen Status beeinflußt wird. Dabei sollen diese beiden Merkmale als dichotom vorausgesetzt werden, was aber keine wesentliche Einschränkung bedeutet. Weiterhin soll berücksichtigt werden, zu welchem Kontext die betreffende Person gehört. Diese Situation können wir folgendermaßen formalisieren:

Gegeben seien zwei Indikatorvariablen ("dummy variables") $X, Y : \{i\} \longrightarrow \{0,1\}$ wobei X dem i-ten Individuum im k-ten Kollektiv den Wert 1 genau dann zuweist, wenn i zu einer bestimmten sozialen Kategorie gehört (z.B. Arbeiter ist) und Y dem i-ten Individuum im gleichen Kollektiv den Wert 1 genau dann zuweist, wenn i eine bestimmte Partei (z.B. kommunistische Partei) wählt.

Für den einfachsten Fall kann man den Zusammenhang zwischen Y_{ik} und X_{ik} folgendermaßen formulieren:

$$(1) \qquad Y_{ik} = \alpha_1 X_{ik} + \alpha_0 (1 - X_{ik}) + e_{ik}$$

Hierbei werden in der impliziten Variable e (auch Residualfaktor oder Fehlerterm genannt) alle die Faktoren zusammengefaßt, die zwar für die Wahl relevant sind, aber nicht wie die Zugehörigkeit zu einer sozioökonomischen Kategorie explizit berücksichtigt werden. Verwendet man (1) als Prognosegleichung, indem man für jede Einheit (Akteur) ihren Y_{ik}-Wert nur aufgrund ihres X_{ik}-Wertes voraussagt, wird man wegen der Vernachlässigung aller anderen relevanten Faktoren einen Fehler machen, der für jede Einheit gerade e_{ik} beträgt. Für den Gesamtfehler wird vorausgesetzt, daß er im Durchschnitt gleich Null ist:

$$\sum_{k=1}^{K} \sum_{i=1}^{n_k} e_{ik} = 0 \qquad \text{für } X_{ik} = 0,1$$

Hier ist K die Anzahl der Kollektive, auf die sich die Einheiten verteilen, und n_k die Zahl der Einheiten im k-ten Kollektiv.

Zur weiteren Interpretation von (1) betrachten wir die Gleichungen, die man erhält, wenn man $X_{ik} = 1$ bzw. $X_{ik} = 0$ setzt:

(1a) $\qquad Y_{ik} = \alpha_1 + e_{ik} \qquad\qquad$ (für $X_{ik} = 1$)

(1b) $\qquad Y_{ik} = \alpha_0 + e_{ik} \qquad\qquad$ (für $X_{ik} = 0$)

Die Gleichung (1) entspricht also zwei verschiedenen Gleichungen für die beiden Teilklassen der Arbeiter (X = 1) und Nicht-Arbeiter (X = 0). Umgekehrt kann man sagen, daß man die beiden Gleichungen (1a) und (1b) dadurch zu einer zusammenfassen kann, daß man das dichotome Merkmal "Arbeiter / Nicht-Arbeiter" durch eine Indikatorvariable darstellt.

Summiert man (1) für alle Einheiten mit $X_{ik} = 1$, erhält man:

$$m_{11} = \sum_{k=1}^{K} \sum_{i=1}^{n_k} Y_{ik} = m_1 \alpha_1 + \sum_{k=1}^{K} \sum_{i=1}^{n_k} e_{ik} = m \, \alpha_1$$

Es bedeuten hierbei m_{11} die Zahl der Einheiten, für die sowohl X als auch Y den Wert 1 annimmt, und m_1 die Zahl der Einheiten mit X = 1. Bei der Summation wurde vorausgestzt, daß der mittlere Fehler e in der durch X = 1 definierten Klasse von Einheiten und daher der zweite Summand Null ist.

Da $\alpha_1 = m_{11} / m_1$ die relative Häufigkeit derjenigen Personen mit Y=1, sofern für diese auch X=1 gilt, ist, kann α_1 als Wahrscheinlichkeit oder "Neigung" interpretiert werden (analog α_0):

$$\alpha_1 = \Pr(Y=1 \mid X=1) \qquad\qquad \alpha_0 = \Pr(Y=1 \mid X=0)$$

Die α-Koeffizienten sind also in unserem Beispiel ein numerischer Ausdruck für die Neigungen der Arbeiter bzw. Nicht-Arbeiter, kommunistisch zu wählen.

Betrachtet man nun das k-te Kollektiv und summiert hier Gleichung (1), so erhält man:

$$\frac{1}{n_k}\sum_{i=1}^{n_k} Y_{ik} = \alpha_1 \frac{1}{n_k}\sum_{i=1}^{n_k} X_{ik} + \alpha_0 \left(1 - \frac{1}{n_k}\sum_{i=1}^{n_k} X_{ik}\right) + \frac{1}{n_k}\sum_{i=1}^{n_k} e_{ik}$$

bzw. $\quad y_k = \alpha_1 x_k + \alpha_0 (1-x_k) + e_k$

wenn man mit y_k und x_k den Prozentsatz der Personen mit $Y = 1$ bzw. $X = 1$ im k-ten Kollektiv bezeichnet; in unserem Beispiel ist x_k der Arbeiteranteil im k-ten Kollektiv und y_k der Prozentsatz der Wähler der kommunistischen Partei im gleichen Kollektiv. Mit e_k ist der mittlere Fehler im k-ten Kollektiv gemeint.

Insgesamt erhält man K solcher Gleichungen, die für jedes Kollektiv den Prozentsatz y_k der Wähler der kommunistischen Partei in Abhängigkeit vom Prozentsatz der Arbeiter und den schichtspezifischen Wahlneigungen α_1 und α_0 darstellen. Wenn die x_k- und y_k-Werte als für jedes Kollektiv bekannt vorausgesetzt werden können, könnte man aus jeweils zwei Gleichungen die unbekannten Neigungsparameter α_1 und α_0 bestimmen, wenn man die impliziten Faktoren e_k zunächst vernachlässigt. Je nachdem welche Paare von Kollektiven man zur Berechnung der Werte auswählt, werden die Ergebnisse unterschiedlich ausfallen.

Nach der Methode der kleinsten Quadrate erhält man jedoch eine eindeutige Lösung der <u>in allen Kollektiven als gleich betrachteten individuellen Neigungen</u> unter folgenden beiden Annahmen:

a) $\quad \sum_{k=1}^{K} e_k = 0$ $\qquad\qquad\qquad$ b) $\quad \sum_{k=1}^{K} e_k x_k = 0$

Man kann dann die K Gleichungen vektoriell folgendermaßen
schreiben

$$y = \alpha_1 x + \alpha_0 (\mathbb{1} - x) + e$$

$$(2) \qquad y = (\alpha_1 - \alpha_0) x + \alpha_0 \mathbb{1} + e$$

Vernachlässigt man in (2) den Fehlerterm und nimmt für die
Werte der α-Koeffizienten diejenigen, die unter den Bedingungen a) und b) errechnet wurden, ist (2) geometrisch inter-
pretierbar als Gleichung einer Regressionsgeraden, die der
Menge von (x_k, y_k)-Werten optimal angenähert ist mit der Steigung $\beta = (\alpha_1 - \alpha_0)$ und der Konstanten α_0. (In der Vektor-
gleichung ist $\mathbb{1}$ der Einheitsvektor von geeigneter Dimension,
dessen Eingänge konstant den Wert 1 betragen.) Die Regressionsgerade geht durch den Mittelpunkt der Werte der Kollektivdaten, nicht jedoch notwendig durch den Mittelpunkt der
individuellen Werte $(\overline{X}, \overline{Y})$. Dabei ist der Mittelwert aller
individuellen X-Werte ("Gesamtmittelwert") definiert als

$$\overline{X} = \frac{1}{n} \sum_{k=1}^{K} \sum_{i=1}^{n_k} X_{ik}$$

und der Mittelwert aller kollektiven x_k-Werte definiert als

$$\overline{x}_k = \frac{1}{K} \sum_{k=1}^{K} x_k.$$

Entsprechend lauten die Definitionen der beiden Mittelwerte
für Y bzw. y_k.

Aus den Parametern der Geraden für eine "ökologische Regression" lassen sich also die individuellen Neigungen unter der
Annahme ihrer Kontextunabhängigkeit bestimmen.

Wenn umgekehrt die als kontextunabhängig betrachteten individuellen Neigungen der Arbeiter und Nicht-Arbeiter bekannt
sind, läßt sich für jedes Kollektiv aufgrund des Prozentsatzes
an Arbeitern ein geschätzter Wert $\hat{y}_k$ des Prozentsatzes an
Wählern der kommunistischen Partei bestimmen. Dieser ge-
schätzte Wert wird vom tatsächlichen um $e_k = y_k - \hat{y}_k$ abweichen.
Solche Abweichungen werden dem Kollektiv in ganz allgemeiner

Weise zugeschrieben: es bleibt also beispielsweise offen,
ob dieser Kontexteffekt e_k auf eine Verteilung von individuellen Merkmalen im jeweiligen Kollektiv zurückzuführen
ist oder Resultat globaler Kontexteigenschaften ist. Zwar
wird die <u>Möglichkeit einer Kontextwirkung zugestanden, aber</u>
es wird die in der zweiten Bedingung der Orthogonalität formulierte <u>theoretische Annahme</u> gemacht, <u>daß</u> die Kontextwirkung <u>von der Verteilung der x_k-Werte unabhängig</u> ist.

Beim Modell der linearen ökologischen Regression, das erlaubt, unter der Annahme der Kontextunabhängigkeit der individuellen Prozesse, die individuellen Parameter aus denen
des kollektiven Zusammenhangs zu errechnen, entspricht der
Koeffizient β der ökologischen Regression der Differenz
$(\alpha_1 - \alpha_0)$ und die Konstante einem der beiden individuellen
Parameter. Für die Akzeptierung dieses Modells lassen sich
4 notwendige <u>Kriterien</u> formulieren.

1. Die Regression muß einem <u>Linearitätstest</u> genügen. Beispielsweise darf sich nicht η_y^2 signifikant von r^2 unterscheiden.

2. Da die α-Koeffizienten als Wahrscheinlichkeiten zwischen
   0 und 1 variieren, muß gelten
   $$-1 \leq \alpha_1 - \alpha_0 \leq +1$$
   D.h. die <u>Steigung der Regressionsgraden</u> muß <u>zwischen −1</u>
   <u>und +1</u> liegen.

3. Der aus den α-Werten zurückgerechnete Wert des <u>β-Koeffi-</u>
   <u>zienten</u> muß innerhalb der Grenzen liegen, die bei den gegebenen Randverteilungen für die einzelnen Kollektive
   möglich sind (s. hierzu § 4.2).

4. Die aus (2) aufgrund der Gesamtzahl aller Arbeiter ge-
   schätzte Gesamtzahl aller Wähler der kommunistischen Par-

tei sollte möglichst mit dem tatsächlichen Wert überein-
stimmen; mit anderen Worten: die Regressionsgerade sollte
auch möglichst durch den Mittelpunkt der Individualwerte
gehen.

5.2. Die explizite Berücksichtigung von Kontexteigenschaften: Nicht-lineare Regression

Gehen wir wieder von unserem Wahlbeispiel aus. Der Zusammenhang zwischen X und Y auf der individuellen Ebene führte zur
Gleichung

$$(2) \qquad y = (\alpha_1 - \alpha_0)\, x + \alpha_0 + e$$

für den Zusammenhang der Prozentsätze auf der kollektiven
Ebene. (Genaugenommen ist diese Schreibweise nicht korrekt,
denn y,x und e sind Vektoren, α_1 und α_0 hingegen Skalare.
Man müßte also anstatt α_0 wie oben $\alpha_0\, \mathbb{1}$ schreiben. Wir werden jedoch in Zukunft solche Unterscheidungen dann nicht
mehr durch die Notationsweise ausdrücken, wenn aus dem Zusammenhang deutlich wird, was gemeint ist. Entsprechend verzichten wir darauf, alle Skalare in Form von griechischen
Buchstaben zu schreiben.)

Im vorigen Abschnitt war angenommen worden, daß die individuellen Neigungen α_1 und α_0 vom sozialen Kontext unabhängig
sind. Im folgenden soll nun zugelassen werden, daß die $\underline{\alpha_i}$
Funktionen von Kontexteigenschaften sind, und zwar speziell
solcher Kontexteigenschaften, die in (2) selbst wiederum als
Variable auftreten.

Fall I: $\alpha_i = \varphi\,(X)$

Hier variiert die individuelle Wahrscheinlichkeit, Y aufzuweisen wenn man X aufweist, in Abhängigkeit von der Verteilung der X-Werte in den Kollektiven. Für unser spezielles
Beispiel, in dem die abhängige Variable Y ein Verhalten beschreibt und die explikative Variable X die Zugehörigkeit

zu einer sozialen Kategorie, kann man sagen, daß in diesem
Fall die <u>Struktur des Milieus</u> eine Wirkung ausübt: Wenn z.B.
Arbeiter sich in einem Kontext befinden, der durch einen
großen Arbeiteranteil gekennzeichnet ist, verhalten sie sich
anders als in einem Kontext mit einem geringen Anteil an
Arbeitern.

<u>Fall II</u>: $\alpha_i = \varphi(Y)$

Hier variieren die individuellen Verhaltenstendenzen in Abhängigkeit von der Verteilung des Verhaltens Y selbst. Man
kann für unser spezielles Beispiel von einer <u>Wirkung von
Normen</u> sprechen; so kann in einem Kontext ein bestimmtes
Verhalten normativ geboten sein und damit seine Wahrscheinlichkeit steigen, je mehr Personen in diesem Kontext dieses
Verhalten schon ausüben. –

Im folgenden soll nur der Fall I diskutiert werden. § 6.3
befaßt sich im wesentlichen mit Problemen, die bei Fall II
auftreten:
Spezifizieren wir $\alpha_i = \varphi(X)$ in der einfachsten Weise und betrachten die Neigungen als affine Funktionen der Kontexteigenschaft x, wobei x im Unterschied zur dichotomischen Variable X eine metrische Variable ist, welche jedem Kollektiv
als Wert den Prozentsatz an Arbeitern (X=1) in diesem Kollektiv zuordnet. Wir erhalten dann zwei Gleichungen, eine
für die Kategorie der Arbeiter (X=1) und eine für die der
Nicht-Arbeiter (X=0)

(3a) $\alpha_1 = g_1 x + h$

(3b) $\alpha_0 = g_0 x + h$

Zur Interpretation der h_i halten wir fest, daß gilt: $\alpha_0 = h_0$,
wenn x = 0, d.h. h_0 ist die Verhaltenstendenz der Nicht-Arbeiter in einem homogenen Milieu von Nicht-Arbeitern. In
Wahrscheinlichkeiten ausgedrückt gilt: $h_0 = Pr$ (Y=1 | X=0
und x=0). Analog nähert sich h_1 dem Wert α_1, wenn x gegen
Null geht: h_1 ist der Wert, dem sich die Tendenz der Arbeiter

immer mehr nähert, wenn sie in ihrem Kontext immer mehr zur Minorität werden. Setzt man x=1, dann ist $g_1 + h_1 = \alpha_1$, also gleich der Verhaltenstendenz der Arbeiter in homogenen Arbeiterkollektiven, in Wahrscheinlichkeiten ausgedrückt gleich Pr (Y=1 | X=1 und x=1).

Auch die beiden Gleichungen (3a) und (3b) kann man entsprechend den Gleichungen (1a) und (1b) mit Hilfe der Indikatorvariablen X zu einer Gleichung (3) zusammenfassen:

$$(3) \qquad \alpha = (h_1 - h_0)\, X + g_0 x + (g_1 - g_0)\, x\, X + h_0$$

Diese Schreibweise bringt anschaulich die Abhängigkeit der Neigungen vom individuellen Merkmal X, von der Kontexteigenschaft x und von der Interaktion beider, die durch das Produkt x X dargestellt wird, zum Ausdruck. Es gilt also in der allgemeinsten Form

$$\alpha = \emptyset\ (X, x, x.X) \quad \text{und } \underline{\text{nicht}}$$
$$\alpha = \emptyset\ (X, x)$$

Wenn man α nur als Funktion von X und x auffaßt, also

$$\alpha = \beta_1\, X + \beta_2\, x + \beta_3 \qquad \text{setzt, erhält man}$$
$$\alpha_1 = \beta_2\, x + (\beta_1 + \beta_3)$$
$$\alpha_0 = \beta_2\, x + \beta_3$$

d.h. man nimmt dann speziell an, daß das Verhalten der Arbeiter und der Nicht-Arbeiter in gleicher Weise mit der Kontexteigenschaft x variiert.

Bildet man die partiellen Ableitungen von α nach dem individuellen Merkmal X und der Kollektiveigenschaft x, so erhält man

$$(4a) \qquad \frac{\partial \alpha}{\partial X} = (h_1 - h_0) + (g_1 - g_0)\, x = \alpha_1 - \alpha_0 = f(x)$$

$$(4b) \qquad \frac{\partial \alpha}{\partial x} = g_0 + (g_1 - g_0)\, X = \begin{cases} g_1 & \text{für } X=1 \\ g_0 & \text{für } X=0 \end{cases}$$

Man kann also die <u>Differenz $\alpha_1 - \alpha_0$ als Ausdruck der individuellen Effekte</u> betrachten. Da $\alpha_1 - \alpha_0$ eine Funktion f
von x ist, können die individuellen Effekte selbst wiederum
in Abhängigkeit von der Kontexteigenschaft variieren, nämlich genau dann wenn $g_1 \neq g_0$: <u>Die individuellen Unterschiede
sind vom Kontext abhängig</u> (conditional individual differences; vgl. § 3.3).

Die Werte $g_1 = \frac{\partial \alpha_1}{\partial x}$ und $g_0 = \frac{\partial \alpha_0}{\partial x}$ können als <u>Ausdruck der Kon-
texteffekte</u> genommen werden. Falls $g_1 = g_0 = 0$, sind keine
Kontexteffekte vorhanden; gilt $g_1 = g_0 \neq 0$, so existieren
zwar Kontexteffekte, diese sind aber für beide Gruppen gleich.
(In diesen beiden Fällen ist die Differenz $\alpha_1 - \alpha_0$ keine
Funktion von x.) Gilt hingegen $g_1 \neq g_0$ (und damit auch $g_1 \neq 0$
oder $g_0 \neq 0$), sind die Kontexteffekte für beide Gruppen unterschiedlich: <u>Die beiden Teilgruppen reagieren auf Variationen im Kontext in unterschiedlicher Weise</u> (differential
susceptibility).Dieser letztere Fall liegt nun genau dann
vor, wenn die individuellen Effekte gemäß dem Kontext variieren. Die Äquivalenz beider Situationen drückt mithin nur
die Symmetrie des Sachverhaltes aus, daß <u>individuelle und
Kontexteffekte interagieren.</u>

Setzt man die Gleichungen (3a) und (3b) für die α -Koeffi-
zienten in (2) ein, so erhält man für den <u>Zusammenhang auf
der kollektiven Ebene</u>

$$y = (\alpha_1 - \alpha_0)\, x + \alpha_0 + e = (g_1 x - g_0 x + h_1 - h_0)x$$
$$+ g_0 x + h_0 + e$$

$$(5) \qquad y = (g_1 - g_0)x^2 + (g_0 + h_1 - h_0)\, x + h_0 + e$$

Zum gleichen Ergebnis kommt man natürlich, wenn man in der
__Gleichung für die individuellen Zusammenhänge__ (1) die Funktionen für die Neigungen in Form von (3a) und (3b) spezifiziert.

$$Y_{ik} = \alpha_1 X_{ik} + \alpha_0 (1 - X_{ik}) + e_{ik}$$

$$Y_{ik} = (g_1 x_k + h_1) X_{ik} + (g_0 x_k + h_0)(1 - X_{ik}) + e_{ik}$$

$$(6) \qquad Y_{ik} = (h_1 - h_0) X_{ik} + g_0 x_k + (g_1 - g_0) x_k X_{ik} + h_0 + e_{ik}$$

Aus (6) erhält man (5), indem man innerhalb der einzelnen
Kollektive zum Erwartungswert x_k übergeht. Man beachte jedoch insbesondere, daß in (6) gilt

$$Y_{ik} = \Upsilon (X_{ik}, x_k, x_k X_{ik}) \quad \text{und } \underline{\text{nicht}}$$

$$Y_{ik} = \Upsilon (X_{ik}, x_k) \ .$$

Wenn man also ganz formal die individuelle Variable Y_{ik} als
Funktion der individuellen Variablen X_{ik} und der Kontextvariablen x_k darstellt, muß man daneben noch einen multi-
plikativen Term berücksichtigen, also die Gleichung für
Y_{ik} folgendermaßen ansetzen

$$(6') \qquad Y_{ik} = \beta_1 X_{ik} + \beta_2 x_k + \beta_3 x_k X_{ik} + \gamma + e_{ik}$$

Setzt man nur

$$Y_{ik} = \beta_1 X_{ik} + \beta_2 x_k + \gamma + e_{ik}$$

so erfaßt man nicht den allgemeinen Fall der Kontexteffekte,
sondern nimmt implizit an, daß beide Teilklassen von Personen
auf Variationen des Kontextes in gleicher Weise reagieren,
denn $g_1 = g_0$ genau dann wenn in (6') $\beta_3 = 0$.

Wenn also Kontexteffekte vorliegen und man affine Beziehungen
für die Variation der individuellen Parameter in Abhängigkeit vom Kontext unterstellt, erhält man __für den kollektiven__
__Zusammenhang eine Parabel__

$$(5') \qquad y = ax^2 + bx + c$$

wobei zwischen den vier Koeffizienten der kontextabhängigen
Neigungen und den drei Parametern der Parabel folgende Beziehungen bestehen:

$$a = g_1 - g_0$$
$$b = g_0 + h_1 - h_0$$
$$c = h_0$$

Da man bei einer quadratischen Regression mit den Kollektivdaten nur die drei Parameter a, b, c erhält, sind die theoretisch interessierenden Koeffizienten g_1, g_0 und h_1 und damit die <u>individuellen und Kontexteffekte aus einer Analyse</u>
<u>mit Kollektivdaten ohne zusätzliche Annahmen nicht zu be-</u>
<u>stimmen.</u>

Im übrigen sieht man, daß bei einer Analyse von Individualdaten gemäß Gleichung (6') die Neigungskoeffizienten zu identifizieren sind, was auch zu erwarten ist, denn aus (6') und
(6) erhält man durch Koeffizientenvergleich

$$h_0 = \gamma$$
$$h_1 = \beta_1 + \gamma$$
$$g_0 = \beta_2$$
$$g_1 = \beta_3 + \beta_2 \ .$$

5.3. <u>Die Formulierung der Davis-Typologie in der Sprache</u> <u>der linearen Kausalstrukturen</u>

Wenden wir die gefundenen Ergebnisse auf die Typologie von
Kontexteffekten von J. A. D a v i s an (s.dazu § 3.3). Dabei werden wir für jeden der folgenden Typen die Konsequenzen der individuellen Beziehungen auf der Ebene der Kollektive besonders hervorheben.

<u>Typ I:</u> Reine individuelle Effekte

In diesen Fällen gilt für die kontextunabhängigen Neigungen

$$\alpha_1 = h_1$$
$$\alpha_0 = h_0$$

Als Resultat erhält man auf der Ebene der Kollektive eine affine Beziehung der Form

(5 I) $y = (h_1 - h_0)x + h_0$

Hat man durch die Regressionsanalyse den Kollektivdaten die Gerade $y = bx + c$ angepaßt, kann man mit Hilfe der Werte ihrer Steigung b und des Schnittpunktes c mit der y-Achse die gesuchten individuellen Parameter identifizieren. Dabei müssen die zu Ende von § 5.1 erwähnten Kriterien erfüllt sein.

<u>Typ II:</u> Reine Kontexteffekte

Hier variieren die individuellen Verhaltenstendenzen in Abhängigkeit vom Kontext; es bestehen jedoch keine Unterschiede im Verhalten der beiden Teilpopulationen innerhalb eines gegebenen Kontextes: $\alpha_1 - \alpha_0 = 0$. Also gilt

$$\alpha_1 = \alpha_0 = gx + h \ .$$

Daraus folgt für den Zusammenhang der Kollektivdaten

(5 II) $y = gx + h$

Man erhält also trotz der Existenz von Kontext- und der Abwesenheit von individuellen Effekten wiederum einen durch die Gerade $y = bx + c$ beschriebenen Zusammenhang auf der kollektiven Ebene, wobei die gesuchten Neigungsparameter identifizierbar sind : $g_1 = g_0 = b$ und $h_1 = h_0 = c$.

__Typ III__: Additive Kombination kontextueller und
individueller Effekte

Die Verhaltenstendenzen der zwei Teilklassen von Akteuren
unterscheiden sich $(\alpha_1 - \alpha_0 \neq 0)$ und beide Tendenzen variieren
in Abhängigkeit vom Kontext. Es gilt jedoch, daß in unterschiedlichen Kontexten (also bei unterschiedlichen x-Werten)
die Neigungen der beiden Teilpopulationen in gleicher Weise
differieren, d.h. die Differenz $\alpha_1 - \alpha_0$ kann __nicht__ als Funktion von x beschrieben werden. Daraus folgt: $\alpha_1 - \alpha_0 = h_1 - h_0$.
Also gilt

$$\alpha_1 = gx + h_1$$
$$\alpha_0 = gx + h_0$$

Man kann den gleichen Sachverhalt auch so ausdrücken, daß
die Art der Variation der Neigungen in Abhängigkeit vom Kontext für beide Teilpopulationen gleich ist

$$\frac{d}{dx}\alpha_1 = \frac{d}{dx}\alpha_0$$

Da andererseits aber die $\frac{d}{dx}\alpha_i$ gerade die g_i sind, bedeutet
dies, daß in dieser Situation die Gleichheit $g_1 = g_0 = :g$
gilt.

Damit erhält man für die kollektive Beziehung

$$y = (h_1 - h_0)\, x + gx + h_0$$
$$(5\ \text{III})\quad y = (g + h_1 - h_0)x + h_0$$

Auch diesmal ergibt sich wiederum auf der kollektiven Ebene
eine affine Beziehung, obgleich sowohl individuelle als auch
kontextuelle Effekte vorliegen. Man kann jedoch aus den Parametern der Gerade $y = bx + c$ wegen $b = g + h_1 - h_0$ die individuellen Koeffizienten mit Ausnahme von $h_0 = c$ __nicht iden-__
__tifizieren !__

Im übrigen ist aus (5 III) ersichtlich, <u>wann kollektive und</u> bestimmte <u>individuelle Beziehungen zueinander invers ver-</u> <u>laufen</u> können. Nehmen wir an, die kollektive Beziehung ist negativ; dann gilt: $(g + h_1 - h_0) < 0$ bzw. $g < h_0 - h_1$.

a) Wenn nun die Kontextwirkungen positiv sind $(0 < g < h_0 - h_1)$, dann müssen die individuellen Effekte negativ sein $(h_1 < h_0)$. Insbesondere muß wegen $g + h_1 < h_0$ gelten, daß $Pr(Y=1/ X=1$ und $x=1) < Pr(Y=1 / X=0$ und $x=0)$ ist.

Wenden wir diese Konsequenz auf das in § 3.3 erwähnte Bei- spiel aus dem "American Soldier" an, indem wir durch $Y=1$ die Klasse der unzufriedenen Soldaten und durch $X=1$ die Klasse der beförderten Soldaten definieren und mit x den Prozentsatz der Beförderten in den einzelnen militärischen Einheiten bezeichnen, so erhalten wir: Es wurde einerseits festgestellt, daß die Unzufriedenheit sowohl der Beförderten als auch der Nicht-Beförderten mit dem Prozentsatz an Beför- derten in den betreffenden Einheiten stieg (positive Kon- textreaktion). Andererseits wurde ebenfalls festgestellt, daß die Beförderten in jeder Einheit weniger unzufrieden waren als die Nicht-Beförderten der gleichen Einheit (nega- tive individuelle Beziehung). Wenn nun die kollektive Be- ziehung negativ sein soll ("Je größer der Prozentsatz an Be- förderten in jeder Einheit desto geringer ist die Unzufrie- denheit, d.h. desto größer ist die Zufriedenheit"), dann muß die Unzufriedenheit der Nicht-Beförderten in Einheiten, in denen überhaupt niemand befördert wurde, größer sein als die Unzufriedenheit der Beförderten in Einheiten in denen alle befördert wurden. Andernfalls wäre bei einer positi- ven Kontextreaktion beider Kategorien von Soldaten trotz einer negativen Beziehung zwischen Unzufriedenheit und Be- förderung die kollektive Beziehung positiv, d.h. mit stei- gendem Prozentsatz an Beförderten würde die Zufriedenheit sinken.

b) Sind umgekehrt die individuellen Reaktionen in allen
Kontexten positiv ($h_o <h_1$), dann müssen die Reaktionen beider Gruppen auf den Kontext negativ sein ($g<0$), wenn das
Resultat eine negative kollektive Beziehung sein soll. Darüberhinaus muß wiederum wegen $g + h_1 < h_o$ die Bedingung erfüllt sein: $Pr(Y=1 / X=1$ und $x=1) < Pr(Y=1 / X=0$ und $x=0)$.

Beispielsweise stellte W. K o r n h a u s e r (1959) einen
stark negativen Zusammenhang (Rangkorrelation von -.76)
zwischen dem Stimmenanteil für kommunistische Parteien und
dem Anteil der erwerbstätigen Bevölkerung in nichtagrari-
schen Sektoren für 15 westliche Staaten fest. Da auf der
individuellen Ebene eine positive Beziehung zwischen der
Wahl einer kommunistischen Partei (Y=1) und Zugehörigkeit
zur Kategorie der Industriearbeiter (X=1) plausibel ist,
kann die kollektive negative Beziehung nur das Resultat
negativer Kontextwirkungen sein: Mit steigender Industrialisierung sinkt die Tendenz, kommunistisch zu wählen. Insbesondere muß dann gelten, daß die Neigung von Bauern. kommunistisch zu wählen, in rein agrarischen Gebieten größer
ist als die Tendenz von Industriearbeitern in rein industria-
lisierten Gebieten; andernfalls wäre die kollektive Beziehung positiv.

Die beiden Situationen sind graphisch folgendermaßen darstellbar (s. S.110),wobei die gepunktete Linie die Beziehung zwischen Y und x angibt, wenn man die beiden durch
X=1 und X=0 definierten Kategorien zusammenfaßt. Im übrigen
sei darauf hingewiesen, daß die erwähnten Schlußfolgerungen
nur gültig sind unter der Annahme, daß die relevanten Beziehungen durch Gleichungen der Form (1), (3a) und (3b) beschrieben werden können (lineare bzw. affine Funktionen).

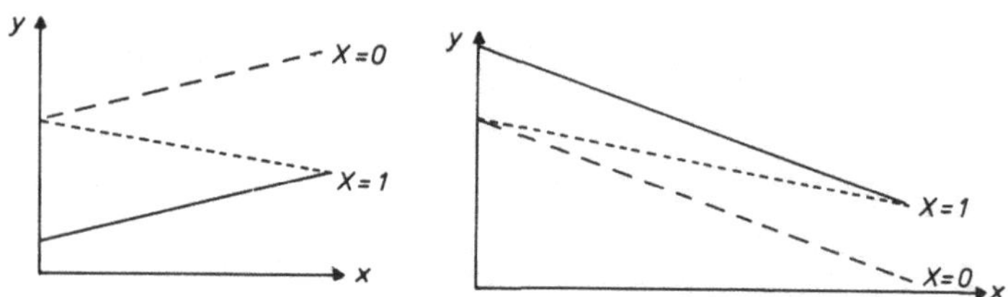

Abb. 17   Inverse Beziehungen für kollektive und
individuelle Zusammenhänge

<u>Typ IV</u>: Nicht-additive Kombination von individuellen und
kontextuellen Effekten

Im Unterschied zu Typ III interagieren hier die beiden Arten von Effekten bezüglich der abhängigen Variablen: Der
individuelle variiert gemäß den Werten der Kontextvariablen
- $0 \neq \alpha_1 - \alpha_0 = f(x)$ - bzw. der kontextuelle differiert in
den beiden Teilpopulationen - $g_1 \neq g_0$.

Daraus folgt für die kontextabhängigen individuellen Neigungen

$$\alpha_1 = g_1 x + h_1$$
$$\alpha_0 = g_0 x + h_0 \qquad \text{mit } g_1 \neq g_0 .$$

Für den kollektiven Zusammenhang ergibt sich die quadratische Gleichung

$$(5 \text{ IV}) \quad y = (g_1 - g_0)x^2 + (g_0 + h_1 - h_0)x + h_0.$$

Hier erhält man also zum ersten Male bei Existenz von Kontexteffekten auf der kollektiven Ebene einen <u>nicht-linearen
Zusammenhang</u>, allerdings wie schon erwähnt bei gleichzeitiger <u>Nicht-Identifizierbarkeit</u> der gesuchten individuellen
Koeffizienten im allgemeinsten Fall.

Wenn man dennoch von Zusammenhängen auf der kollektiven Ebe-

ne auf solche auf der individuellen schließen möchte, muß
man zusätzliche spezielle Annahmen machen, beispielsweise:

1. Eine Kategorie wird von der Veränderung des Anteils der
   Angehörigen der anderen Kategorie nicht beeinflußt:
   $\alpha_1 = g_1 x + h_1$, $\alpha_0 = h_0$. (Nur die Arbeiter reagieren auf
   Kontextvariationen, nicht jedoch die Nicht-Arbeiter :
   $g_0 = 0$.) Aus den Kollektivdaten kann man nun mit Hilfe
   einer parabolischen Regression die gesuchten Parameter
   identifizieren.

2. Man könnte umgekehrt annehmen, daß nur die Nicht-Arbeiter
   auf eine Variation des Kontextes gemäß dem Anteil der
   Arbeiter reagieren ($g_1 = 0$):

$$\alpha_1 = h_1$$
$$\alpha_0 = g_0 x + h_0 \ .$$

   Auch hier ist Identifizierbarkeit der Parameter durch
   parabolische Regressionsanalyse gegeben.

3. Setzt man $h_0 = 0$, d.h.

$$\alpha_1 = g_1 x + h_1$$
$$\alpha_0 = g_0 x \ ,$$

   so drückt dies die (vielleicht plausible) Annahme aus,
   daß die Tendenz der Nicht-Arbeiter kommunistisch zu wählen verschwindet, wenn der Anteil der Arbeiter im betreffenden Kollektiv gleich Null wird.- Obwohl eine solche
   Annahme mit Hilfe von Kollektivdaten testbar ist, da die
   den kollektiven Zusammenhang beschreibende Parabel wegen
   $h_0 = c = 0$ durch den Ursprung des Koordinatensystems gehen
   muß, sind die Parameter nicht identifizierbar.

4. Kann man umgekehrt zu 3. $h_1 = 0$ annehmen, ist Identifizier-

barkeit aufgrund parabolischer Regression gegeben. (Inhaltliche Interpretation: Arbeiter wählen nur dann kommunistisch, wenn sie in einer gewissen Zahl vorhanden
sind.)

5. Besteht Grund zur Annahme $h_1 = h_0$, dann sind die Parameter
ebenfalls durch parabolische Regression identifizierbar.
(Inhaltlich bedeutet dies, daß sich Arbeiter und Nicht-
Arbeiter in ihren Wahltendenzen immer mehr angleichen, je
mehr sich der Anteil der Arbeiter im betreffenden Kontext
dem Wert Null nähert.)

6. bzw. 7. Kombiniert man Annahme 5 mit der Annahme 1 bzw. 2,
erhält man zusätzlich noch Konsequenzen über die Werte des
linearen Terms b in der parabolischen Regression, nämlich
$b = 0$ bzw. $b = -a$, die man anhand der Kollektivdaten überprüfen kann.

Aufgrund unserer Analyse sind folgende <u>Resultate</u>, den <u>Zusam-</u>
<u>menhang von individuellen und kollektiven Beziehungen</u> betref-
fend, formulierbar:

a) Wenn ein nicht-linearer Zusammenhang für die Kollektivdaten festgestellt wird, liegen Kontexteffekte vor - mehr
noch: es existieren interagierende Individual- und Kontexteffekte. Das Umgekehrte gilt jedoch nicht, denn:

b) Reine Kontexteffekte und eine additive Kombination von
beiden führen zu linearer kollektiver Regression.

c) Einer linearen kollektiven Regression können reine Indi-
vidual-, reine Kontexteffekte oder eine additive Kombination von beiden entsprechen.

d) Dabei ist in den ersten beiden der unter c) erwähnten Fälle eine Identifikation der Koeffizienten möglich. Im drit-

ten Fall der additiven Kombination sind Individual- und
Kontexteffekte konfundiert.

e) Obwohl die Existenz von Kontexteffekten aufgrund einer
nicht-linearen kollektiven Regression feststellbar ist,
sind i.a. die Koeffizienten konfundiert und damit auch
die relativen Anteile von Individual- und Kontexteffekten
nicht bestimmbar.

5.4. Kontexteffekte und Multikollinearität

Aber selbst die Feststellung der bloßen <u>Existenz</u> von Kontexteffekten ohne Versuch der Identifikation der einzelnen Komponenten ist in vielen Fällen noch nicht einmal ohne weiteres
eindeutig. Sehr häufig können nämlich einer Reihe von Kollektivdaten affine oder quadratische Funktionen mehr oder weniger gleich gut approximiertwerden. Natürlich ist der Prozentsatz der erklärten Varianz dann am größten, wenn man die explikative Variable sowohl durch einen linearen als auch durch
einen quadratischen Term berücksichtigt, aber die Verbesserung
ist gegenüber dem nur linearen oder nur quadratischen Fall relativ gering. Das liegt daran, daß beide Terme i.a. sehr hoch
miteinander korrelieren. Zwar kann man wegen dieser Multikollinearität nicht sagen, daß die Bedeutung des quadratischen
Terms gering ist, wenn R^2 nur wenig steigt, wenn man neben
einem linearen zusätzlich einen quadratischen Term berücksichtigt, wie man auch nicht das Umgekehrte behaupten kann,
wenn man zunächst mit einem quadratischen Term beginnt und
dann einen linearen hinzufügt. Aber die Multikollinearität
macht es schwierig, zwischen der Adäquanz des linearen oder
quadratischen Modells eine Entscheidung zu fällen, und von
dieser Entscheidung ist die Bestätigung der Hypothese der
Existenz von Kontextwirkungen abhängig. (Eine Widerlegung
der Hypothese ist sowieso nicht möglich).

Falls Informationen über die Werte der beiden Merkmale Y
und X - diese können die Form metrischer oder von Indikatorvariablen annehmen - bei den einzelnen Individuen vorliegen,
kann man jedoch sämtliche Parameter der individuellen und
der kontextuellen Effekte durch eine Individualanalyse bestimmen. Dazu betrachte man nur die Gleichung (6), die allgemein in der Form

$$(6') \qquad Y_{ik} = \beta_1 X_{ik} + \beta_2 x_k + \beta_3 x_k X_{ik} + \quad + e_{ik}$$

darstellbar ist. Durch eine Regressionsanalyse kann man, wie
erwähnt, die 4 Koeffizienten β_1, β_2, β_3 und γ identifizieren
und erhält aus ihnen die gesuchten Parameter.

Aber auch wenn man über Individualdaten verfügt, tritt das
Problem der Multikollinearität auf, da die Kontextvariable
x_k eine perfekte mathematische Funktion der Verteilung der
individuellen Variablen X_{ik} in den einzelnen Kontexten ist;
so korrelieren beide Variablen - wenn man sie jeweils auf
die Individuen als Einheiten, "über" die korreliert wird,
bezieht - in dem Augenblick miteinander, in dem die Kontexte
sich nach der Eigenschaft x_k unterscheiden - also $Var(x_k) \neq 0$
ist - wie unten noch gezeigt wird. Dies wiederum bedeutet,
daß sich die Verteilung der X_{ik}-Werte innerhalb der einzelnen Kontexte voneinander und von der Gesamtverteilung unterscheiden. Wenn in einem bestimmten Kontext der x_k-Wert über
dem allgemeinen Mittelwert $\overline{X}$ liegt, dann liegt dies daran,
daß in diesem Kontext die entsprechenden Individuen relativ
hohe X-Werte aufweisen. Man kann sich die Situation so vorstellen, als seien die Kontexte gewissermaßen durch Gruppierung der Individuen gemäß ihren X-Werten entstanden. Als
eine Maßzahl für das Ausmaß dieses Gruppierungseffektes kann
das Korrelationsverhältnis η_x^2 genommen werden, welches definiert ist als Quotient der Quadratsumme zwischen den "Gruppen"
oder Kontexten durch die totale Quadratsumme, wobei über alle
Einheiten zu summieren ist:

$$\eta^2_x = \frac{\displaystyle\sum_{K=1}^{K}\sum_{i=1}^{n_K}(x_k - \overline{X})^2}{\displaystyle\sum_{K=1}^{K}\sum_{i=1}^{n_K}(X_{ik} - \overline{X})^2} = \frac{\dfrac{1}{n}\displaystyle\sum_{K=1}^{K} n_k (x_k - \overline{X})^2}{\mathrm{Var}\,(X_{ik})}$$

$$\eta^2_x = \frac{\mathrm{Var}\,(x_k)}{\mathrm{Var}\,(X_{ik})}$$

Falls sämtliche Kontexte völlig homogen sind, haben innerhalb eines Kontextes alle Individuen den gleichen X-Wert, welcher damit auch gleich dem Wert der Kontextvariablen x_k sein muß, so daß $\eta^2_x = 1$ ist, sofern überhaupt eine Variation der Individualwerte vorliegt. Falls jedoch die "Gruppierung" keinen Effekt auf die Verteilung der X-Werte hat, sind alle Kontextwerte einander gleich und damit gleich dem Gesamtmittelwert. Alle Kontexte können gewissermaßen als Wahrscheinlichkeitsauswahlen aus der Gesamtheit aller Individuen aufgefaßt werden, und es gilt $\eta^2_x = 0$.

Nun gilt, daß die <u>Korrelation zwischen der individuellen und der kontextuellen Variable gerade gleich η_x ist.</u> Mit anderen Worten: <u>Wenn die "Wirkung" des Kontextes auf die X-Variable maximal ist, ist maximale Multikollinearität gegeben; wenn jedoch keine Multikollinearität vorliegt, variiert das Kontextmerkmal x_k nicht mehr.</u>

Zum Beweis der Behauptung $\mathrm{Corr}(X_{ik}, x_k) = \eta_x$ betrachte man die Kovarianz beider Variablen. Es gilt

$$\mathrm{Cov}\,(x_k, X_{ik}) = \frac{1}{n} \sum_{k=1}^{K} \sum_{i=1}^{n_k} (x_k - \bar{X})(X_{ik} - \bar{X})$$

$$= \frac{1}{n} \sum_{k=1}^{K} \left[n_k\,(x_k - \bar{X})\, \frac{1}{n_k} \sum_{i=1}^{n_k} (X_{ik} - \bar{X}) \right]$$

$$= \frac{1}{n} \sum_{k=1}^{K} n_k\,(x_k - \bar{X})\,(x_k - \bar{X})$$

$$\mathrm{Cov}\,(x_k, X_{ik}) = \mathrm{Var}\,(x_k)$$

Damit folgt für den Korrelationskoeffizienten

$$\mathrm{Corr}\,(X_{ik}, x_k) = \frac{\mathrm{Cov}\,(X_{ik}, x_k)}{\sqrt{\mathrm{Var}\,(x_{ik})\ \mathrm{Var}(x_k)}} = \frac{\sqrt{\mathrm{Var}\,(x_k)}}{\sqrt{\mathrm{Var}\,(x_{ik})}}$$

bzw. gemäß der erwähnten Definition von η_x^2

$$\mathrm{Corr}\,(X_{ik}, x_k) = \eta_x$$

Man steht also wegen $\mathrm{Cov}\,(X_{ik}, x_k) = \mathrm{Var}\,(x_k)$ bei einer Kontextanalyse (selbst mit Individualdaten!) immer vor der auch sonst häufig auftretenden Situation, daß die explikativen Variablen (hier X_{ik} und x_k) miteinander kovariieren; und zwar, wie oben behauptet wurde, genau dann, wenn sich die Kontexte bezüglich der x_k- Werte unterscheiden. Das bedeutet, daß ein Teil der individuellen und kontextuellen Effekte konfundiert sind, und zwar umso mehr je stärker die Kontextvariable x_k variiert. Zwar kann man die totale Wirkung aller gleichzeitig berücksichtigten explikativen Variablen bestimmen, aber eine Aufteilung auf die einzelnen Variablen ist nicht in eindeutiger Weise möglich.

Ein Ausweg wäre durch eine <u>Orthogonalisierung der explikativen Variablen</u> möglich, ein Verfahren, das der klassischen
Varianz- und Kovarianzanalyse zugrunde liegt.

Betrachten wir den Fall der Varianzanalyse mit zwei klassi-
fikatorischen explikativen Variablen Z_1 und Z_2. Hier treten
in allen Klassen, die durch die Kombination der Ausprägungen
der beiden explikativen Variablen gebildet werden, die gleiche Anzahl von Einheiten auf. Falls die Variablen Dichotomien sind, gilt in der folgenden Tabelle a=b=c=d.

$$Z_2 \; (= x_k^*)$$

		1	0
$Z_1(=X_{ik})$	1	a	b
	0	c	d

Übertragen wir diesen Fall auf unser Problem, wobei wir zunächst annehmen, daß die individuelle Variable ebenfalls
dichotom ist und die Kontextvariable dichotomisiert wurde,
also $Z_1= X_{ik}$ und $Z_2= x_k^*$ gilt.

Dann drückt sich eine z.**B.** positive Korrelation zwischen individueller und kontextueller Variable darin aus, daß die
Diagonalfelder häufiger besetzt sind, also nicht a=b=c=d
gilt. Man kann nun durch unterschiedliche Auswahl von Einheiten aus den 4 Tabellenfeldern die Korrelation beseitigen
("die Variablen orthogonalisieren").
Wieviele Einheiten und welche Einheiten man im allgemeinen
Fall in den einzelnen Kontexten auswählen muß, ergibt sich
aus der Bedingung, daß die Kovarianz gleich Null werden soll.
Wegen

$$\text{Cov}(X_{ik}, x_k) = \frac{1}{n} \sum_{k=1}^{K} n_k (x_k - \overline{X}) \left[\frac{1}{n_k} \sum_{i=1}^{n_k} (X_{ik} - \overline{X}) \right]$$

gilt unter der Voraussetzung $Var(x_k) \neq 0$ $Cov(X_{ik}, x_k) = 0$
dann, wenn in den Kontexten jeweils n_k^* Einheiten so ausgewählt werden, daß für alle Kontexte die Bedingung

$$\frac{1}{n_k^*} \sum_{i=1}^{n_k^*} (X_{ik} - \overline{X}) = 0$$

erfüllt ist. Dies ist aber genau dann der Fall, wenn die Einheiten so ausgewählt werden, daß ihr neuer Mittelwert

$$x_k^* = \frac{1}{n_k^*} \sum X_{ik}$$

welcher im allgemeinen vom Wert der Kontextvariable x_k verschieden sein wird, gleich dem Gesamtmittelwert $\overline{X}$ ist. Allerdings sollte man nicht ausschließlich solche Einheiten in
die Analyse aufnehmen, deren Werte sich nur wenig oder überhaupt nicht vom Gesamtmittelwert unterscheiden, da dann keine Variation der X_{ik}-Werte vorliegt.

Man sollte sich aber bewußt sein, daß dieses Verfahren inhaltlich bedeutet, daß man in Kontexten mit hohen (niedrigen)
x_k-Werten relativ häufig Einheiten auswählen muß, die bezogen auf die in diesen Kontexten üblichen Werte relativ nie-
drige (hohe) X_{ik}-Werte aufweisen, also Extremfälle sind bzw.
Abweicher darstellen.

Falls X die Indikatorvariable eines dichotomen Merkmals darstellt, besagt die oben aufgeführte Auswahlbedingung, daß
<u>in allen Kontexten der Prozentsatz der Einheiten mit posi-
tiver Ausprägung des Merkmals gleich dem Prozentsatz in der
Gesamtheit sein muß.</u> Bezogen auf unser Beispiel bedeutet dies,
daß man z.B. in fast homogenen Arbeiterkollektiven alle
Nicht-Arbeiter und nur einen Teil der Arbeiter in die Analyse einbezieht bzw. daß man alle Arbeiter berücksichtigt, die
sich in Kollektiven mit einer Majorität von Nicht-Arbeitern

befinden, jedoch nur einen Teil der Arbeiter aus homogeneren Arbeiterkollektiven.

Die Regressionsanalyse wird man dann mit einer solchen disproportional geschichteten Auswahl durchführen. Die Zuschreibung der Werte des kontextuellen Merkmals zu den einzelnen Einheiten bleibt von diesem Orthogonalisierungsprozeß unberührt, d.h. man übernimmt die alten x_k-Werte und nicht die neuen x_k^*-Werte, welche ja gleich dem allgemeinen Mittelwert von X sind. Um die aufgrund der Analyse mit der so bestimmten Auswahl identifizierten Koeffizienten auch für die ursprüngliche Untersuchungsgesamtheit als gültig ansehen zu können, muß die schon erwähnte Annahme der Homogenität der Kausalprozesse erfüllt sein: die Regressionskoeffizienten sind in allen Kollektiven sowohl für die jeweilige Majorität als auch die Abweicher gleich.

5.5. Ein Beispiel

Unter Verwendung der Daten einer amerikanischen Untersuchung über die Gleichheit der Bildungschancen (J.S.Coleman u.a. 1966) hat R. Z i e g l e r (1972) in einer Sekundäranalyse den Einfluß der Rasse und der Schulsegregation auf die Leistung der Schüler untersucht. Es wurde zunächst eine quadratische Regression mit den Kollektivdaten (900 Schulen mit insgesamt 27.645 Schülern) und anschließend eine Regression mit den Individualdaten durchgeführt. Der Analyse liegen also die beiden Gleichungen (5) bzw. (6) zugrunde; dabei bedeutet Y_{ik} den Wert eines "Verbal-achievement-score" des Schülers i in der Schule k, X_{ik} die rassische Zugehörigkeit (X = 1 für weiß; X = 0 für farbig) und x_k den Anteil der weißen Schüler in der Schule k.

Das Ergebnis der Kollektivdatenanalyse ist in der Tabelle auf der nächsten Seite zusammengefaßt; alle Koeffizienten sind unstandardisiert.

c	a	b	R
237,231	7,690	5,305	0,756

Insgesamt wird durch das quadratische Modell für die Kollektivdaten 57% der Varianz (R^2 = 0,571) der abhängigen kollektiven Variable y_k, welche die durchschnittlichen Y-Werte in den einzelnen Schulen ausdrückt, erklärt. Da a = 7,690 von Null verschieden ist, kann man sagen, daß Effekte des schulischen Kontextes vorliegen, welche mit den Individualeffekten der rassischen Zugehörigkeit interagieren.

Das <u>Resultat</u> ddr Regressionsanalyse <u>auf der Ebene der einzelnen Schüler</u> wird im folgenden einmal unter der (unrealistischen, weil durch die Kollektivdatenanalyse widerlegten) Annahme der Nicht-Existenz von Kontexteffekten und einmal unter Berücksichtigung möglicher Auswirkungen des Grades der Segregation der Schulen aufgeführt:

	h_o	$h_1 - h_o$	g_1	g_o
Kein Kontexteffekt	237,889	13,712	0	0
Mit Kontexteffekt	237,556	- 1,899	16,911	4,927

Das Modell ohne Kontexteffekte erklärt 34% der Varianz der individuellen Variablen Y_{ik} (R = 0,585); berücksichtigt man Kontexteffekte,erhöht sich die erklärte Varianz von Y_{ik} auf 37% (R = 0,611).

Falls keine Wirkungen des Kontextes bestünden, würde ein weißer Schüler im Durchschnitt um 13,7 Punkte besser abschneiden, da $h_1 - h_o$ den Wert ausdrückt, dem sich die "individuellen" Differenzen immer mehr annähern, wenn sich x_k dem Wert Null nähert, d.h. der Kontext immer homogener bezüglich der Abwesenheit des Merkmals X wird. Die Kontextanalyse zeigt jedoch, daß weiße Schüler in überwiegend "farbigen Schulen" schlechter abschneiden als ihre farbigen Mitschüler (vgl. hierzu auch Abb.14zu Typ IVc in § 3.3).

"Die insgesamt bessere Leistung der Weißen wäre hiernach allein auf die positive Wirkung einer 'weißen Umgebung' zurückzuführen. Zwar verbessert der Übergang von einer völlig schwarzen zu einer völlig weißen Umgebung auch die Leistung eines farbigen Schülers um 4,9 Punkte, aber die eines weißen steigt unter denselben Umständen um 16,9 Punkte. Man könnte also sagen, daß die Segregation jeweils der Majorität zugute kommt, allerdings einer weißen weitaus stärker als einer farbigen" (R.Ziegler 1972, S. 172).

Daß man diese Ergebnisse sehr vorsichtig interpretieren muß, zeigt der Hinweis auf die extrem hohe Multikollinearität der Variablen X_{ik}, x_k und ihres Produktes $X_{ik}x_k$. Die Korrelation zwischen dem individuellen und dem kontextuellen Merkmal beträgt $\text{Corr}(X_{ik},x_k) = 0{,}937$. Die beiden anderen Korrelationen sind noch höher: $\text{Corr}(X_{ik}x_k,X_{ik}) = 0{,}971$ und $\text{Corr}(X_{ik}x_k,x_k) = 0{,}970$. Auch im Fall der Kollektivdatenanalyse besteht natürlich das Problem der Multikollinearität; es gilt hier sogar $\text{Corr}(x_k^2,x_k) = 0{,}993$.

6.   Versuche der Erklärung von Kontexteffekten

6.1.   <u>Holistische versus individualistische Interpretationen</u>

Um die Art der Wirkung sozialer Kontexte zu diskutieren greifen wir auf die Beispiele von P. M. B l a u zurück, wie sie
in § 3.2 dargestellt wurden. Falls die "gleiche" Variable
einmal als Eigenschaft individueller Akteure und zum anderen
als eine solche von Kollektiven wirkte, konnte das Vorliegen
separater Effekte der Gruppenzusammensetzung zur Rechtferti-
gung eines "soziologistischen Vorurteils"herangezogen
werden: es gibt Eigenschaften von Kollektiven und von Prozessen, die nicht auf solche von individuellen Akteuren und
Prozesse der Interaktion von Akteuren "reduzierbar" sind.
(Zur Präzisierung des Terminus "Reduktion" siehe H.J. Hummell
und K.D. Opp 1968, 1971). Vertreter der Gegenthese hätten nun
im einzelnen nachzuweisen, inwiefern die Effekte der Gruppenzusammensetzung mit Hilfe von Annahmen über individuelles
Verhalten erklärbar sind.

Zunächst jedoch können wir konstatieren, daß für Autoren wie
B l a u die Existenz von Wirkungen der Gruppenzusammensetzung, unabhängig von den ihnen entsprechenden individuellen
Effekten, eine Evidenz dafür ist "that social processes ori-
ginating outside the individual personality are responsible
for the differences in the dependent variable, since the influences of psychological processes have been controlled in
the analysis" (P.M. Blau 1961, S.191).

Eine solche sozusagen "holistische" Formulierung wäre im
Rahmen einer individualistischen Interpretation nur insoweit
akzeptabel, wenn man sie in der Weise auffaßt, daß die Unterschiede in der abhängigen Variablen z.T. auf Prozesse außerhalb des <u>jeweiligen untersuchten</u> Individuums, nicht aber auf
Prozesse außerhalb von Individuen generell zurückführbar
sind.

Dies wird deutlich, wenn man sich die Beispiele von B l a u
genauer ansieht. Bei dem Diskriminationsbeispiel wurde angenommen, daß autoritäre soziale Werte auch dann diskriminierende Aktivitäten erzeugen, wenn man die entsprechende
individuelle Wertorientierung kontrolliert. B l a u gibt
selbst eine mögliche Erklärung für diesen Sachverhalt, wenn
er ausführt: "Ego's conduct is influenced by his own normative orientation for fear of his conscience, and ego's conduct is also influenced by alters' normative orientation
for fear of social sanctions" (S. 180).

Wenn man also Ego's eigene Wertorientierung "konstant hält"
und die sozialen Werte des Kontexts variiert, dann variiert
man notwendigerweise die Wertorientierungen der anderen Mitglieder der gleichen Gruppe, d.h. man variiert die Art der
Beziehungen von Ego zu seinen tatsächlichen und/oder poten-
tiellen Interaktionspartnern.

Ähnliches gilt für das zweite Beispiel von B l a u. Auch
wenn man Ego's eigene Attraktivität und damit einen Ausschnitt aus seinen interpersonellen Beziehungen "konstant"
hält, variiert man mit der Kohäsion die entsprechenden Aus-
schnitte seiner Partner, d.h. man variiert die Art der Beziehungen von Ego zu Alter, denn er hat es nun mit anders
gearteten Partnern zu tun.

Zu einem ähnlichen Ergebnis führt auch eine Analyse der Arbeit von E.Q. C a m p b e l l und C.N. A l e x a n d e r
(1965), welche in gewisser Weise eine Fortsetzung der Ausführungen von Blau über "strukturelle Effekte" darstellt
(vgl. zum folgenden auch H.J. Hummell und K.D. Opp 1971,
S 73 ff.). Dabei gehen die Autoren von dem Gedanken aus,
daß "strukturelle Effekte" nur über interpersonelle Beziehungen wirksam werden. Diesen Sachverhalt konzeptualisieren
sie in Form eines Zwei-Stufen-Modells (two-step-model):"This
involves, first, social-psychological theory, which deals

with the individual's response to a <u>given</u> social situation,
and, second, theory at the structural level, which deals
with the determination of that given social situation by
characteristics of the larger social system" (1965, S. 284).

Das "Modell" wird von C a m p b e l l und A l e x a n d e r
mit Daten einer Untersuchung über die Determinanten des As-
pirationsniveaus (bezüglich einer College-Ausbildung) von
Schülern amerikanischer High-Schools illustriert. Als explikative Variablen werden verwandt: Status des Akteurs (gemessen durch die Bildung seiner Eltern); Status seiner beiden
besten Freunde innerhalb der Schule; Status seiner Schule
als aus den Statuswerten der Schüler konstruiertes analy-
tisches Merkmal. Die beiden relevanten Ergebnisse lauten:
<u>Je höher der Status der Schule, desto höher das Aspirations-
niveau der Schüler</u>; und: <u>Je höher der Status der Freunde, desto höher das Aspirationsniveau der Schüler</u>. Beide Aussagen
werden durch Korrelationen dargestellt, wobei der Status der
betrachteten Person jeweils "konstant gehalten" wird.

Die der ersten Aussage entsprechende Korrelation wird als
ein Zeichen für die Existenz "struktureller Effekte" angesehen; dabei soll die Korrelation wiederum erklärt werden
durch die zweite der beiden erwähnten Aussagen - also durch
eine <u>sozialpsychologische Hypothese</u> über den Zusammenhang
zwischen Status der Freunde und individuellem Aspirationsniveau - und durch eine weitere Aussage - die "<u>strukturelle
Aussage</u>" über einen Zusammenhang zwischen Status der Schule
und Status der Freunde -, welche folgendermaßen lautet: <u>Je
höher der Status der Schule, desto höher der Status der
Freunde</u>. In der Terminologie der Mehrvariablen-Analyse von
P.F. L a z a r s f e l d heißt dies: Die Beziehung zwischen
der Kontextvariablen "Status der Schule" und der individuellen Variablen "Aspirationsniveau" wird durch die intervenierende Variable "Status der Freunde" interpretiert. Falls
"Status der Freunde" eine rein intervenierende Variable ist,

muß die Ausgangsbeziehung bei "Konstanz" der letzteren Null
werden, was tatsächlich in der zitierten Untersuchung der
Fall ist.

Problematisch bei diesem Zwei-Stufen-Modell ist der logische Status der Beziehung zwischen der ersten und zweiten
Variablen, also der"strukturellen Hypothese" über die Verteilung der Statuswerte der Freunde über die verschiedenen
Schulen. Wenn nämlich die Menge der Schüler einer Schule
gegeben und für jeden Schüler dieser Menge sein Statuswert
bekannt ist, ergibt sich hieraus aufgrund der von den Autoren vorgenommenen mathematischen Operation in eindeutiger
Weise der Status der betreffenden Schule. Desgleichen ergeben sich aus den Eigenschaften dieser Menge ebenfalls
eindeutig bestimmte für die errechneten Korrelationen relevante Eigenschaften der Verteilung der durchschnittlichen
Statuswerte der Freunde, und zwar unter den Bedingungen,
daß 1. alle Schüler ihre Freunde nur unter den Schülern
ihrer Schule "wählen" dürfen und daß 2. für die Wahrscheinlichkeit, zum Freunde "gewählt" zu werden, sowohl der Status
des "Wählers" als auch der des "Gewählten" irrelevant sind.
Die erste zusätzliche Bedingung ist aufgrund der speziellen
Art der Datenerhebung erfüllt. Daß auch die zweite zusätzliche Bedingung erfüllt ist, läßt sich dem Bericht der Autoren explizit nicht entnehmen. Wir können aber für die folgenden Überlegungen eine solche Annahme voraussetzen, denn
wenn man sich für den durchschnittlichen Status der Freunde
der einzelnen Personen interessiert und dann solche möglicherweise relevanten Faktoren wie die Statuswerte der be-
teiligten Personen nicht berücksichtigt, dann muß man implizit davon ausgehen, daß solche Faktoren zumindest in der gegebenen Untersuchung irrelevant sind. Irrelevant sind solche
Faktoren aber dann, wenn sie für die Wahrscheinlichkeiten
der Entstehung von Freundschaftsbeziehungen keinen Unterschied machen: Die unbedingten und entsprechenden bedingten
Wahrscheinlichkeiten für die letzteren sind gleich. Unter

diesen Annahmen ist aber die "strukturelle Hypothese" keine von den anderen Aussagen unabhängige empirische Proposition, sondern das analytische Resultat der Definition des Kollektivmerkmals durch Verteilungen von individuellen Merkmalen, wie jetzt im einzelnen zu zeigen ist. Dazu wird es sich als nützlich erweisen, die Zusammenhänge zwischen den im Zwei-Stufen-Modell von C a m p b e l l und A l e x a n d e r auftretenden Variablen in der Sprache linearer Kausalstrukturen auszudrücken. Eine schematische Darstellung, aus der gleichzeitig ersichtlich ist, daß dieses <u>Modell paradigmatisch für eine Vielzahl von Kontextanalysen ist</u>, sieht folgendermaßen aus:

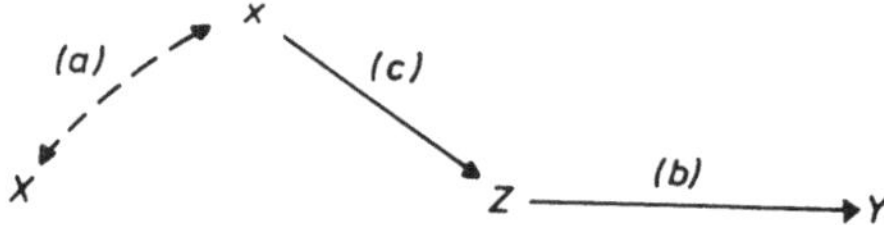

Abb. 18   Kausalstruktur des Campbell-Alexander-Paradigmas

Die Variablen X_{ik} und Y_{ik} beziehen sich auf Eigenschaften von jeweils identischen Individuen i in einem Kollektiv k (hier: Status von i; Aspirationsniveau von i). Durch Werte der Variablen Z_{ik} hingegen werden nicht die Individuen i, sondern ihre Interaktionspartner j charakterisiert (hier: Status des Freundes j von i in k). Werte von x_k schließlich beschreiben Eigenschaften der Kontexte.

Wie schon ausgeführt, haben wir es im einzelnen mit mindestens drei Beziehungen zu tun:

a) <u>Definitorischer Zusammenhang</u> zwischen dem kollektiven Merkmal x_k und der Verteilung der individuellen Merkmale X_{ik} (beispielsweise: Kollektivwert als arithmetisches Mittel der Individualwerte). In Form einer linearen Gleichung gilt:

(a)
$$X_{ik} = \alpha x_k + e_{ik}^{(x)} \qquad \text{bzw. wegen } \alpha = 1$$

$$X_{ik} = x_k + e_{ik}^{(x)}$$

Hierbei wird mit $e_{ik}^{(x)}$ der Fehlerterm für die Variable X bezeichnet.

Nach den Ausführungen von § 5.4 beträgt die Korrelation zwischen individuellen und kontextuellen Werten $\text{Corr}(X_{ik}, x_k) =$ $= n_X$, ist also mit der Aufteilung der Individuen auf die einzelnen Kollektive gegeben.

b) Eine die <u>Interaktionsprozesse zwischen Individuen</u> beschreibende Aussage in der Form eines Zusammenhangs der Aspiration von i in k mit dem Status eines Freundes j von i in k.

c) Die <u>strukturelle Aussage</u>, welche angibt, inwiefern der Kontext die Chancen determiniert mit bestimmten Individuen zu interagieren, so daß der Partner j von i einen bestimmten Wert Z_{ik} besitzt.

Wichtig ist es nun, ob die relevanten Eigenschaften der Partner von Ego ausschließlich durch den Kontext und in welcher Weise "determiniert" werden. Im Beispiel von C a m p b e l l und A l e x a n d e r konnte angenommen werden, daß es für die Bestimmung der Wahrscheinlichkeit, ob ein bestimmter Akteur j zu den Freunden von i gehört ($\text{Pr}\{ j_\epsilon \text{Fr}(i)\}$) irrelevant ist, welchen Status i oder j besitzen. Übersetzt in die Sprache der Wahrscheinlichkeitstheorie wurde für die Freundschaftswahlen unterstellt, daß innerhalb eines jeden Kontextes gilt:

$$\text{Pr}\{ j \epsilon \text{Fr}(i) \,/\, \text{Status}(j) = s\} = \text{Pr}\{ j \epsilon \text{Fr}(i)\}$$

Nun ist die folgende Gleichheit tautologisch immer erfüllt,

da sie aus der in zwei verschiedenen Formen ausgeschriebenen
Definition der Wahrscheinlichkeit des Durchschnitts von Er-
eignissen unter Verwendung der beiden bedingten Wahrscheinlichkeiten hervorgeht:

$$\Pr\{\, j \in Fr(i) \,/\, Stat(j) = s \} \cdot \Pr\{\, Stat(j) = s \} =$$
$$= \Pr\{\, j \in Fr(i) \} \quad \Pr\{\, Stat(j) = s \,/\, j \in Fr(i) \}$$

Aus dieser Tautologie folgt unter der obigen Annahme der Irrelevanz des Status für die Freundschaftswahl für jedes Kollektiv die Gleichheit von unbedingter Wahrscheinlichkeit,
daß ein Akteur einen bestimmten Status besitzt, und entsprechender Wahrscheinlichkeit unter der Bedingung, daß j zu den
Freunden von i gehört:

$$\Pr\{\, Stat(j) = s \} = \Pr\{\, Stat(j) = s \,/\, j \in Fr(i) \}$$

Deshalb ist es möglich, eine Gleichung für die Aussage c) zu
formulieren, in welcher Z_{ik} ausschließlich als Funktion des
Kontextmerkmales x_k (einschließlich bestimmter Residuen e)
auftritt, nicht aber als Funktion des Status der Person, deren Freund sie ist:

$$\text{(c)} \qquad Z_{ik} = \gamma \, x_k + e_{ik}^{(z)}$$

Weiterhin kann man sagen, daß in jedem Kontext der mittlere
Status aller Personen, welche Freunde anderer Personen sind,
also der Erwartungswert von Z innerhalb des betreffenden
Kontextes, gleich dem mittleren Status aller Mitglieder des
Kontextes ist, da es sich bei den Freundschaftswahlen gewissermaßen um einfache Zufallsauswahlen aus einer Population handelt, die aus den Mitgliedern des Kontextes besteht.
Allerdings gelten alle diese Aussagen über die Verteilungen
der Statuswerte der Freunde nur näherungsweise, da bei jeder
Freundschaftswahl der wählende Akteur nicht zur Population
gehört, aus der die "Stichprobe" gezogen wird.

Gleichheit der internen Erwartungswerte von Z und X bedeutet
aber, daß in der angeführten Gleichung (c) für Z_{ik} speziell
gilt: $\gamma = 1$. Desweiteren gilt die Gleichheit der Varianzen
der Statuswerte aller Personen, die Freunde sind, und aller
Mitglieder in allen Kollektiven. Schließlich folgt aus den
Annahmen über die Irrelevanz der Statusfaktoren für die Wahlen der Freunde und ihre Begrenzung auf das jeweilige Kollektiv neben der Gleichheit ihrer internen Erwartungswerte
und internen Varianzen auch das Verschwinden der internen
Kovarianzen von X_{ik} und Z_{ik}, da beide Statusvariablen innerhalb eines jeden Kollektivs stochastisch unabhängig voneinander sind:

$$E_k(Z_{ik}) = E_k(X_{ik})$$

$$\mathrm{Var}_k(Z_{ik}) = \mathrm{Var}_k(X_{ik}) \qquad k = 1,2\ldots K$$

$$\mathrm{Cov}_k(Z_{ik},X_{ik}) = 0$$

Damit sind aufgrund der angeführten Annahmen, unter denen
die Prozesse der Freundschaftswahlen ablaufen, folgende Konsequenzen formulierbar:

1. Die Korrelation zwischen Z_{ik} und x_k beträgt nach den Gleichungen (a) und (c) ebenfalls η_X; d.h. die Gültigkeit
   der "strukturellen Hypothese" ist solange garantiert, wie
   sich die Verteilungen der Akteure auf die jeweiligen Kollektive bezüglich ihrer Statuswerte unterscheiden.

2. Die Korrelation zwischen X_{ik} und Z_{ik} (über alle Kollektive) beträgt η_X^2. Denn falls die Kovarianzen von Z und
   X innerhalb aller Kollektive verschwinden, ist ihre totale Kovarianz nach dem Kovarianztheorem (§ 4.3) gerade
   gleich der externen Kovarianz; diese aber wiederum be-
   trägt wegen $E_k(Z_{ik}) = z_k = x_k = E_k(X_{ik})$: $\mathrm{Cov}(x_k,z_k) =$
   $\mathrm{Var}(x_k)$. Auch hier ist das Resultat durch die Verteilung-
   en spezieller individueller Werte eindeutig bestimmt.

3. Von C a m p b e l l und A l e x a n d e r wurde für
diese spezielle Situation empirisch nachgewiesen, daß die
individuellen Aspirationen Y_{ik} von i in k, sofern sie
nicht Funktionen anderer individueller Merkmale von i
sind, ausschließlich durch solche Eigenschaften seines
Partners j determiniert werden, welche in dem Wert Z_{ik}
zusammengefaßt sind. D.h die Wirkungen aller anderen
möglicherweise für Y_{ik} relevanten Variablen werden durch
die intervenierende Variable Z_{ik} vermittelt. Dann gilt
aber für die Korrelation von x_k mit Y_{ik} als <u>Ausdruck der
kontextuellen Wirkungen</u>, wie sie in der ersten der eingangs erwähnten Hypothesen formuliert sind:

(d) $$\mathrm{Corr}(x_k, Y_{ik}) = \eta_X \; \mathrm{Corr}(Z_{ik}, Y_{ik}) \, .$$

(Wir erinnern daran, daß diese multiplikative Beziehung
schon aufgrund der Produktregel im Drei-Variablen-Fall
mit einer rein intervenierenden Variable zu erwarten ist;
vgl. auch Abb.18)

Wir können also zusammenfassend folgendes feststellen: Falls
eine Mehrebenenanalyse vorliegt, in der die Konfiguration
der relevanten Variablen dem <u>Campbell-Alexander-Paradigma</u>
entspricht, gilt: <u>Sämtliche unabhängigen empirischen Beziehungen sind solche zwischen individuellen Akteuren</u>; bzw.
umgekehrt: die <u>kontextuellen</u> ("strukturellen") <u>Beziehungen
sind das logisch-mathematische Resultat von individuellen
nomologischen Beziehungen und singulären Tatbeständen</u>, welche in der Form der Verteilung von Individuen auf die verschiedenen Kontexte gegeben sind. Dies kommt in (d) deutlich
zum Ausdruck, in der $\mathrm{Corr}(x_k, Y_{ik})$ die kontextuelle Beziehung
und $\mathrm{Corr}(Z_{ik}, Y_{ik})$ die individuelle repräsentiert und η_X
schließlich den singulären Tatbestand der Verteilung einer
individuellen Variable beschreibt. Das empirische Problem
besteht also nicht darin, zu erklären, wie das "umfassendere
soziale System" eine "gegebene soziale Situation" (in einem

kausalen Sinne) "determiniert", sondern warum der umfassendere Kontext aus bestimmten Arten von Individuen zusammengesetzt und warum das Netzwerk interpersoneller Beziehungen in bestimmter Weise strukturiert ist.

Auch ohne daß sich Kontextaussagen wie im Falle des Campbell-Alexander-Paradigmas immer in Aussagen über interpersonelle Relationen auflösen lassen, wird man bei dem Versuch, im einzelnen den Prozessen nachzugehen, durch welche die Wirkungen von Eigenschaften sozialer Kollektive auf Prozesse innerhalb dieser Kollektive vermittelt werden, in Zukunft mehr als bisher Informationen über die Art der Beziehungen der Mitglieder dieser Kontexte systematisch berücksichtigen müssen. Diese Informationen werden in zweierlei Weise als Daten in die Analysen Eingang finden, nämlich 1. als <u>Perzeptionsdaten</u> und 2. als <u>Relationsdaten</u>, welche die in § 2 skizzierten Analysen ermöglichen.

Zwar ist nicht zu leugnen, daß auch in der Umfrageforschung, deren Untersuchungseinheit primär das einzelne Individuum ist, häufig Perzeptionsdaten erhoben werden - z.B. in Wahlanalysen, in denen nach den politischen Präferenzen von Arbeitskollegen, Freunden u.ä. gefragt wird, oder in Untersuchungen zum Aspirationsniveau von Jugendlichen in Abhängigkeit von den Einstellungen "signifikanter Anderer". Aber immer noch selten ist der systematische Bezug solcher Perzeptionsdaten nicht nur auf individuelles Verhalten, sondern auf spezifische Kontextwirkungen.

Denken wir z.B. an eine mögliche Erklärung des in § 3.3 geschilderten Beispiels aus dem "American Soldier" für den Davis-Typ IIIB unter Verwendung der Theorie der relativen Benachteiligung. Eine Erklärungsskizze für die inverse Beziehung auf der Ebene von Kollektiven und der von Individuen würde ungefähr folgende Gestalt annehmen: Die Unzufriedenheit der Beförderten steigt in den Gruppen, wo eine Beför-

förderung häufig ist, weil sie sich entweder mit der großen
Zahl ihrer beförderten Kollegen in der gleichen Gruppe oder
mit den beförderten Kollegen in Gruppen vergleichen, in
denen Beförderung selten ist, und im Vergleich dazu der
Wert einer Beförderung als "sozialer Belohnung" als gering
empfunden wird: Sie sind im Vergleich zu ebenfalls Beförderten, welche Mitglieder von Gruppen sind, wo Beförderung
selten ist, relativ benachteiligt. In ähnlicher Weise könnte
man den Anstieg der Unzufriedenheit der Nicht-Beförderten
damit erklären, daß sie sich in Gruppen mit häufiger Beförderung mit ihren beförderten Kollegen vergleichen und somit
als relativ benachteiligt fühlen, während in Gruppen mit
wenig Beförderung der größte Teil ihrer Kollegen ebenfalls
nicht befördert ist.

Wenn solche Aussagen über Vergleichsprozesse und relative
Benachteiligung die Kontexteffekte erklären können, dann
sind zur Überprüfung Informationen darüber erforderlich, wie
die Akteure ihre eigenen Belohungen bewerten, mit welchen
anderen Akteuren sie sich vergleichen und wie sie deren Be-
lohnungen perzipieren.

Wichtiger aber noch als Daten über die Perzeption der Art
der Beziehungen zu den Interaktionspartnern sind direkte
Erhebungen dieser Beziehungen. Auch können beide Arten von
Daten nicht als gegenseitig substituierbar angesehen werden,
da die Perzeption von Interaktionsstrukturen diesen gegenüber häufig eine Eigendynamik entwickelt, so daß sich weder
beide decken noch in ihren Wirkungen entsprechen. P.M. B lau
hat selbst schon 1957 auf die Möglichkeit der Erklärbarkeit
von Wirkungen der Gruppenzusammensetzung in diesem Sinne
hingewiesen:"The general principle is that if ego's X affects
not only ego's Y but also alter's Y, a structural effect will
be observed, which means that the distribution of X in a
group is related to Y though the individual's X is held con-
stant. Such a finding indicates that the network of relations

in the group with respect to X influences Y. It isolates
the <u>effect of X on Y that are entirely due to or transmit-</u>
<u>ted by the process of social interaction</u>" (P.M. Blau 1957,
S. 64).

Zwei Punkte dürften als Resultat der vorangegangenen Diskussion deutlich geworden sein, die wir abschließend noch einmal hervorheben wollen: erstens die <u>Relevanz der Relations-</u>
<u>analyse zur Erklärung von Hypothesen über Wirkungen des so-</u>
<u>zialen Kontextes</u> und daß zweitens eine theoretische Orien-
tierung, die sich dem <u>methodologischen Individualismus</u> ver-
pflichtet weiß, <u>nicht die Existenz von Wirkungen des sozia-</u>
<u>len Kontextes leugnen muß.</u>(Zur Problematik des "Reduktionis-
mus" s. im einzelnen H.J. Hummell und K.D. Opp 1968, 1971;
H.J. Hummell 1970).

6.2. <u>Typische Arten der Relevanz sozialer Kontexte</u>

Kommen wir zu Klassen von möglichen kausalen Mechanismen,
aufgrund deren Eigenschaften sozialer Kontexte relevant werden können. Ohne die verschiedenen Arten der Relevanz im
einzelnen darstellen zu können, sollen jedoch die Richtungen
angedeutet werden, in denen sich mögliche Analysen bewegen
können.

6.2.1 <u>Kontexte als Strukturen von Beziehungen sozialer Be-</u>
       <u>einflussung</u>

Immer wenn in den einzelnen Kontexten Uniformitäten von Verhaltensweisen oder Einstellungen bestehen, so daß gewissermaßen für die Gesamtheit der betrachteten Kontexte externe
Varianzen zu konstatieren sind, kann man vermuten, daß die
relative interne Homogenität Resultat von Prozessen der Beeinflussung ist,anders gesprochen: der "Ansteckung", so daß
sich innerhalb der Kontexte bestimmte Attribute und Zustände
schneller verbreiten als außerhalb. (Falls die relative Homo-

genität einer abhängigen Variablen durch die relative Homogenität einer unabhängigen und rein individualistische Prozesse - d.h. unter Abwesenheit von interpersonellen Beziehungen - erklärbar ist, kann man die gleiche Frage nach der Erklärbarkeit der Homogenität auch für die unabhängige Variable stellen und kommt dann schließlich, sofern nirgends in dieser Kette Beeinflussungsprozesse auftreten,u.U. auf Fragen der in § 6.2.4 erwähnten Selektivität der Kontexte bezüglich der in der Erklärungskette weiter "zurückliegenden" explikativen Variablen). Erklärungsversuche unter Verwendung von Annahmen über interpersonelle Beziehungen standen in § 6.1 im Vordergrund und werden nochmals in § 6.3 aufgenommen.

Im übrigen sei vermerkt, daß sich hinter der Relevanz normativer Aspekte sozialer Kollektive wohl drei verschiedene Arten von Prozessen verbergen. Mit dem Hinweis, daß die Existenz ganz bestimmter <u>Normen als Kontextmerkmal</u> bestimmte Wirkungen erzeugt, kann nämlich folgendes gemeint sein:

a) Wird auf den Aspekt der Institutionalisierung von Normen Bezug genommen, heißt dies, daß das Verhalten der Akteure von ihren Partnern gemäß diesen Normen sanktioniert wird; hier handelt es sich um einen speziellen Fall der sozialen Beeinflussung - wenn man will:der sozialen Kontrolle.

b) Bezieht man sich ausschließlich auf den Aspekt der Internalisierung, so schlägt sich die Relevanz spezieller Normen in einer Individualanalyse nieder - erweitert u.U. durch Aussagen über die Selektivität von Kontexten (s.u.).

c) Schließlich können Normen deshalb relevant werden, weil sie seitens bestimmter Akteure als Eigenschaften von sozialen Kontexten perzipiert oder konstruiert werden.

6.2.2 <u>Kontexte als Gegenstand sozialer Wahrnehmung</u>

Neben dem schon im Zusammenhang mit der Relevanz sozialer
Vergleichsprozesse und der Bezugsgruppentheorie erwähnten
Problem der Perzeption ihrer Interaktionsbeziehungen seitens
der Akteure gibt es das weitere Problem, wie "objektive"
Merkmale des Kontextes, wie z.B. seine Zusammensetzung, zu
bestimmten seitens der Akteure durchgeführten Konstruktionen
führen, so daß das Resultat ein bestimmtes perzipiertes
("subjektives") Merkmal des Kontextes als einer Einheit ist.
Hierzu existieren so gut wie keine empirischen Untersuchungen, mit Ausnahme vielleicht der von J.A. D a v i s (1963/4)
über Einstellungen von Studenten aus 135 amerikanischen
Colleges. Generell wurde in diesem Fall das tatsächliche
Ausmaß der positiven Bewertung intellektueller Fähigkeiten
unterschätzt, und zwar besonders dann, wenn in einem Kontext
ca. 60-75% der Studenten eine intellektuelle Qualifikation
hoch einschätzten.

Für die Frage der Konstruktion eines <u>Meinungsklimas</u> oder einer <u>öffentlichen</u> Meinung dürften Grundgedanken der Psycho-
physik und ihr verwandter Theorien der Bildung sozialer Ur-
teile sich als fruchtbar erweisen: Wenn die Menge der Personen mit einer bestimmten Meinung einen bestimmten Schwel-
lenwert überschreitet, wird aus ihrer Meinung ein den ganzen
Kontext beherrschendes Meinungsklima konstruiert, welches
wiederum normativ wirkt, so daß das Phänomen der "pluralis-
tischen Ignoranz" entstehen kann.

Weiterhin kann die perzipierte Verteilung der individuellen
Merkmale dahingehend wichtig werden, als sie das Ausmaß, in
welchem diese Merkmale für jeden Akteur <u>Bestandteil</u> seiner
<u>Ego-Identität</u> werden bzw. seinen Grad der <u>Identifikation</u> mit
den einzelnen Kategorien beeinflussen. Arbeiter werden in
Kollektiven, in denen sie sich zur Majorität gehörend perzipieren, ihre Zugehörigkeit zur Kategorie der Arbeiter

anders erfahren als in den Fällen, in denen sie glauben, relativ isoliert zu sein, und sie werden dementsprechend in unterschiedlicher Weise alle die Normen, Einstellungen und Verhaltensweisen akzeptieren, die üblicherweise an ihre kategoriale Zugehörigkeit geknüpft sind.

6.2.3 Kontexte als Opportunitätsstrukturen

In der Soziologie abweichenden Verhaltens hat es sich als fruchtbar erwiesen, zur Erklärung bestimmter Formen von Delinquenz zu berücksichtigen, ob den betreffenden Akteuren aufgrund ihrer Lokalisierung in bestimmten Sozialstrukturen der Zugang zu legitimen Mitteln zur Erreichung ihrer Ziele verwehrt ist und ob alternative Zugänge zu illegitimen Mitteln bestehen (R.A. Cloward und L.E. Ohlin 1960). Die Zugehörigkeit zu bestimmten Kontexten bestimmt das Ausmaß der Chancen, sich zielrelevante legitime oder illegitime Mittel zu verschaffen: in einigen Milieus werden kriminelle Karrieren möglich, während in anderen nur die Alternative zwischen normgemäßem Verhalten und Apathie oder Resignation besteht.

Ähnliche Eigenschaften von Kontexten, durch die unterschiedliche Ausgestaltung ihrer Strukturen den verschiedenen Kategorien von Mitgliedern unterschiedlichste Arten von Mitteln bereitzustellen oder zu verwehren, dürften generell relevant sein - beispielsweise im Rahmen der Mobilitätsforschung (die Diversität im Angebot von beruflichen Positionen in einem Kontext vermag das Ausmaß des Zusammenhanges zwischen Vaterberuf und eigenem ausgeübten Beruf, d.h. den Grad der "Status-Vererbung" zu beeinflussen) oder der Erklärung des Phänomens der Unterrepräsentation von Angehörigen bestimmter Sozialkategorien unter den Absolventen bestimmter Bildungsinstitutionen (die Situation von Arbeiterkindern in einem Kontext, der mehrheitlich aus Arbeitern besteht, kann gegenüber den Arbeiterkindern in anderen Kontexten noch schlechter sein, da es in solchen Kontexten wenig Schulen gibt).

Hier wird häufig das Phänomen anzutreffen sein, daß der gleiche "objektive" Kontext - definiert etwa als geographische Einheit oder eine genau determinierte Menge von Personen - für die verschiedenen Kategorien von Personen unterschiedlich relevant ist, also einer Vielzahl von verschiedenen "subjektiven" Kontexten entspricht; dies bedeutet, daß die Personenkategorien auf die verschiedenen Eigenschaften des objektiven Kontextes unterschiedlich reagieren (zu diesem Problem der "differential susceptibility" s. die Ausführungen in §§ 3.3, 5.2 und 5.3). So dürften Arbeiter auf das Vorhandensein von Chancen des Zugangs zu bestimmten Arbeiterberufen anders reagieren als Nicht-Arbeiter.

Es wurde vorgeschlagen, einige solcher Kontexteigenschaften im Sinne von <u>Optionsmöglichkeiten</u> für die Akteure aufzufassen (E.K. Scheuch 1969[a]): Bestimmte Kontexte sind durch ein hohes Ausmaß an Variabilität und Heterogenität aktionsrelevanter Strukturen gekennzeichnet, so daß sie den Akteuren gewissermaßen eine Menge von Optionen bieten. Die als Resultat solcher Optionen konstituierten Kontexte "niederer Ordnung" können dann intern zwar relativ homogen sein, zwischen ihnen besteht jedoch eine relativ große Variabilität. Variabilitäten zwischen den ("primären") "Umwelten" werden zurückgeführt auf Eigenschaften der "Umgebung", d.h. des umfassenderen Kontextes, wenn auch nicht in dem kausalen Sinne, als ob der umfassendere Kontext die primären Umwelten determiniere. Vielmehr ist es eine Eigenschaft bestimmter Kontexte, durch Variabilitäten ihrer Teilkontexte und damit durch Optionsmöglichkeiten charakterisiert zu sein. (Vgl. hierzu die Ausführungen für das analoge Campbell-Alexander-Paradigma in § 6.1; zur Konzeption einer Hierarchie von Kontexten und zur Definition des Terminus "primäre Umwelt" s. § 6.3)

Es stellt sich also hier das Problem der <u>Erklärung unterschiedlicher Grade von Homogenität und damit von Optionsmöglichkeiten.</u> Bei der Analyse wird dann einer Art Prinzip

maximaler Homogenität gefolgt (analog dem Prinzip maximaler
Verbundenheit in § 6.3): Betrachtet wird nicht so sehr der
umfassendere inhomogene Kontext, sondern maximale homogene
Teilkontexte. Falls keine Variabilität der Teilkontexte vorliegt, da Homogenität des umfassenderen Kontextes aus bestimmten Gründen gegeben ist, gibt es keine Unterschiede
zwischen "objektiver Umgebung" und "subjektiver Umwelt" und
damit keine Optionsmöglichkeiten. In diesem Falle wäre die
Analyse des umfassenderen Kontextes ohne weitere interne
Differenzierung ausreichend.

6.2.4 Selektivität von Kontexten

Wenn sich in Stimmbezirken mit hohem Arbeiter-Anteil Arbeiter und Nicht-Arbeiter politisch anders verhalten als in Be-
zirken mit geringem Arbeiter-Anteil, dann könnte dies daran
liegen, daß in ersteren beispielsweise nur noch Nicht-Arbeiter mit relativ radikaler Einstellung wohnen sowie Arbeiter
mit nicht-radikalen Einstellungen weggezogen sind. Das Phänomen, daß in überwiegend "weißen" Schulen sowohl weiße als
auch farbige Schüler besser abschneiden als in überwiegend
"schwarzen" Schulen, könnte das Ergebnis der Tatsache sein,
daß "weiße" Schulen besonders qualifizierte Schüler anziehen
und weniger qualifizierte in stärkerem Maße zurückweisen bzw.
zum Abgang bewegen.

Die identifizierten Kontexteffekte sind hier also u.U. das
Resultat selektiver Bewegungen der Akteure zwischen den Kontexten. Damit treten aber Kontexteffekte höherer Ordnung auf:
relevant sind nicht nur die Eigenschaften von Kontexten, deren Mitglied Ego ist, sondern auch von anderen Kontexten der
gleichen Ebene und des Kontextes der nächsthöheren Ebene, der
durch die Verteilung von Kontexten niederer Ebenen charakterisiert ist: Die Attraktivität oder Selektivität einer Schule
variiert mit den vorhandenen Alternativen, also mit Quantität
und Qualität des Schulangebotes in dem Distrikt, zu dem die

betreffende Schule gehört.

Der Tendenz nach wird durch die Selektivitätshypothese -
zu deren Überprüfung man Paneldaten benötigt - die Existenz
"eigenständiger" Kontextwirkungen hinwegerklärt. Daß das Verhalten bestimmter Kategorien nach Kontexten variiert, ist Resultat der Tatsache, daß sich die Akteure nach Kontexten unterscheiden. Eine Vielzahl der verwandten Variablen sind im
Falle der Gültigkeit der Selektivitätshypothese über die Kontexte nicht mehr vergleichbar: Ein Arbeiter in einem Arbei-
termilieu entspricht nicht einem Arbeiter im Mittelklassen-
Milieu (z.B. unterscheidet sich ihr Einkommen; umgekehrt
wird ein Nicht-Arbeiter in einem Arbeiter-Milieu i.a. andere
Berufe ausüben als ein Nicht-Arbeiter im Mittelklassen-Milieu
usw.). Zwar müßte man durch genaue Meßoperationen feststellen
können, daß die Verteilungen der _relevanten_ individuellen
Merkmale zwischen den Kontexten variieren, aber häufig werden durch mehr oder weniger notwendige krude Kategorisie-
rungen diese Unterschiede verwischt (man erhebt z.B. nicht
das Einkommen oder die Berufspositionen der Akteure oder die
Qualifikation der Schüler, sondern unterteilt in Arbeiter/
Nicht-Arbeiter bzw. in weiße Schüler/farbige Schüler). Das
Ergebnis sind Effekte, die fälschlicherweise dem Kontext zugeschrieben werden, weil die Wirkung relevanter individueller Variablen bei "Konstanthaltung" in Form von Kategorien-
bildung nicht eliminiert wurde, da die Kategorien bezüglich
dieser Merkmale nicht homogen sind (A.S. Tannenbaum und J.G.
Bachmann 1964).

6.3. Kontexte als Beeinflussungsstrukturen: Probleme der
      Vollständigkeit und Symmetrie

Wir mußten feststellen, daß eine Vielzahl von Kontextanalysen als unvollständige Formen der Relationsanalyse aufzufassen sind. Da es nicht immer möglich sein wird, für jedes
Individuum die Gesamtheit seiner Interaktionsbeziehungen zu

allen anderen Mitgliedern des betreffenden als Kontext betrachteten Kollektivs zu spezifizieren, wird es daher wichtig zu wissen, unter welchen Umständen solche Relationen zu einer nicht weiter differenzierten Kontexteigenschaft zusammengefaßt und damit die relevanten Beeinflussungsprozesse implizit gelassen werden können.

Falls davon ausgegangen werden kann, daß die für die Beeinflussungsprozesse relevante <u>Struktur symmetrisch</u> ist in dem in § 2.4 definierten Sinne, sind für alle Akteure ihre Netzwerke von Beziehungen zu irgendwelchen Partnern in den relevanten Eigenschaften gleich: Im Falle der Symmetrie unterscheidet sich keine Position eines beliebigen Akteurs bezüglich ihrer Beziehungen von der Position eines anderen: alle sind in gleicher Weise von ihren Partnern erreichbar und können diese in gleicher Weise erreichen. Das bedeutet, daß man nur die Verteilungen der individuellen Variablen auf die bezüglich ihrer jeweiligen relationalen Kennzeichnungen gleichen Positionen zu kennen braucht.

Falls die Kollektive genügend groß sind, bedeutet dies, daß für alle Akteure die Verteilungen der individuellen Merkmale auf ihre jeweiligen Partner zumindest näherungsweise gleich sind, so daß man diese für alle ungefähr gleichen Verteilungen zu einem undifferenzierten Kontextmerkmal zusammenfassen und allen Akteuren in gleicher Weise zuschreiben kann. (Wäre beispielsweise in kontextanalytischen Wahluntersuchungen für die Kollektive immer die Bedingung der Symmetrie der Beeinflussungsstruktur erfüllt, dann wäre die Zusammenfassung der Verteilung der Statuswerte der (restlichen) Mitglieder zu einer einzigen und für alle Mitglieder gleichen Kollektiveigenschaft legitim.)

Ein Spezialfall der symmetrischen Struktur ist der der <u>Vollständigkeit</u>: zwischen allen Mitgliederpaaren bestehen direkte Beziehungen (§ 2.2.3). Empirisch sind vollständige Strukturen meist nur in kleinen Gruppen anzutreffen; umgekehrt könnte man als <u>primäre Umwelt</u> eines Individuums gerade die größte Menge von Personen definieren, zu der sie selbst gehört und deren Struktur vollständig verbunden ist. Primäre Umwelten wären also Resultat der Zerlegung von Netzwerken in maximale Cliquen im Sinne von § 2.3.

Hier muß nun auf eine weitere Schwierigkeit hingewiesen werden. Bisher wurden solche Beeinflussungsbeziehungen unterstellt, in denen der Wert der abhängigen Variablen Y des Individuums i eine Funktion des Wertes einer explikativen Variablen X von i und der restlichen Akteure ist. Falls jedoch der <u>Wert von Y bei i eine Funktion der Werte der gleichen Variablen Y bei den Interaktionspartnern ist</u> (Beispiel: Die Wahlentscheidung von Ego ist eine Funktion der Wahlentscheidungen seiner Partner; statt: Die Wahlentscheidung von Ego ist eine Funktion seines Status und der Statuswerte seiner Partner; auf S.101 wurde von Fall II bzw. Fall I gesprochen), ist trotz vielleicht vorhandener Symmetrie der Struktur die Bildung eines undifferenzierten Kontextmerkmals in der angegebenen Weise nicht legitim.

Betrachtet man die Ausbreitung eines speziellen Zustandes oder Attributes (Information, Einstellung, Aktivität) in einer Gruppe, so mag es für jeden Akteur relevant sein, welche seiner Partner dieses Attribut ebenfalls schon haben bzw. diese Aktivität ausüben (vgl. hierzu das Modell vom J.S. C o l e m a n 1962). Falls die Struktur symmetrisch ist, könnte man argumentieren, die relevante Eigenschaft der Kontexte der Akteure kann in dem für alle gleichen Merkmal "Zahl der Personen, die die Aktivität ausüben" n_A zusammengefaßt werden. In einer speziellen Formulierung könnte das Problem lauten: Zu erklären sind die Veränderungen der Wahrscheinlichkeiten der Mitglieder i der Gruppe in ihrer Tendenz, die relevante Aktivität auszuüben, und zwar in Abhängigkeit von der Zahl der Personen, die in jedem Augenblick schon A ausüben; zu spezifizieren wäre also folgende Funktion

$$\frac{d}{dt}\, p_i\,(A) = \varphi\,(n_A)$$

aus der man durch Integration dann eine Funktion zu erhalten hätte, welche den Prozess der Ausbreitung von A in der Gruppe beschreibt, dessen Resultat wiederum ein bestimmter Grad von Uniformität oder Konformität in der Aktivitätsausübung sein könnte.

Die obige Gleichung wäre die Formalisierung einer <u>individualistischen Analyse mit Kontexteffekten</u>: Man betrachtet das Verhalten der Person i als abhängig und das aller anderen als im strengen Sinne unabhängig, d.h. man fixiert das Verhalten der Partner und damit auch die Kontexteigenschaft n_A. Dies führt jedoch zu einem Widerspruch, denn wenn das Verhalten von i variabel ist, ist es das Verhalten von j ebenfalls und damit ist auch n_A variabel. Der <u>Kontext besteht aus Individuen, für die die gleichen Gesetzmäßigkeiten gelten, wie für das betrachtete Individuum</u>. Aus diesem Grunde kann man auch nicht die gesamte Analyse in Form von N Gleichungen der obigen Art für i = 1, 2...N durchführen, da darin nicht zum Ausdruck kommt, daß auch der Kontext variabel ist, also gilt

$$n_A = \gamma\,(p_1,\ p_2,\dots p_N)\ .$$

Grundsätzlich gibt es zwei Möglichkeiten, die Interdependenz zwischen den N Prozessen, welche kontextuelle Wirkungen in Form von implizit gelassenen Beeinflussungsprozessen darstellen, zu berücksichtigen:

1. Man definiert für die linke Seite der obigen N Gleichungen in denen individuelle Merkmale auftreten, ein kollektives Merkmal, welches Veränderungen in der Zahl n_A der Personen zum Ausdruck bringt, welche A ausüben, und kommt somit

auf eine <u>kollektive Beziehung</u> der Form

$$\frac{d}{dt}\, n_A \;=\; F(n_A)\;.$$

(Für Beispiele einer solchen nicht trivialen Konstruktion kollektiver Merkmale sowie entsprechender Beschreibungen von Prozessen auf der kollektiven Ebene als Resultat von individuellen Prozessen mit "Ansteckung" siehe die Arbeiten von J.S. Coleman 1962; 1964, Kap.10 und 11.)

2. Man löst für die rechte Seite der obigen N Gleichungen das globale Kontextmerkmal n_A in Eigenschaften der N Akteure auf und erhält dann ein <u>interdependentes System</u> von N Gleichungen <u>für die Merkmale von N verschiedenen Akteuren</u> der Form

$$\frac{d}{dt}\, p_i(A) \;=\; f(p_1(A),\; p_2(A),\ldots p_N(A)) \qquad (i = 1\ldots N)$$

(Für Beispiele siehe F.Harary 1959[a] und R.P.Abelson 1964.)

Der <u>Ausweg aus der illegitimen Verwendung von Kontextanalysen</u> im Falle der Interdependenz bezüglich der abhängigen Variablen besteht also entweder in der Analyse auf der Ebene von Kollektiven oder in einer Analyse des totalen vollständig spezifizierten Netzwerkes der individuellen Akteure. Dabei muß noch betont werden, daß die erste Alternative nur beschritten werden kann, wenn die Struktur bezüglich der Prozesse, die in dem kontextuellen Merkmal zusammengefaßt werden, symmetrisch ist.

Deutlich wird dies am Beispiel formalisierter <u>Diffusionstheorien</u>, bei denen aber auch gleichzeitig gezeigt werden kann, wie der Kontext schrittweise differenzierbar ist, ohne daß er völlig in eine detaillierte Beschreibung eines Netzwerkes von interpersonellen Beziehungen aufgelöst wird.

Für eine Klasse dieser Theorien besteht die abhängige Variable in der zeitlichen Veränderung der Zahl n der Personen,
die sich in dem "Zustand" befinden, dessen Ausbreitung untersucht wird. Formuliert werden nur die Konsequenzen für diese
kollektive Variable von implizit gelassenen individuellen
Prozessen. Generell kann man davon ausgehen, daß die Akzeptierung einer Neuerung durch einen Akteur einmal durch das
Netz seiner Interaktionen mit anderen Akteuren und zum anderen durch seine Kontakte mit externen Quellen determiniert
sind. Dabei müssen zur Ableitung von Konsequenzen für den
Prozess der Ausbreitung eines Zustandes in einem Kollektiv
Matrizen von Kontakt- und Effektparametern spezifiziert werden, welche für jedes Paar angeben, wie häufig ihre Interaktionen sind bzw. wie stark sich die Tendenz einer Person
i, die Neuerung zu akzeptieren, ändert, wenn ein Kontakt
mit j stattfindet.

Die einfachsten Fälle der Ausbreitung der Neuerung in Form
einer logistischen oder einer Exponentialkurve können nun
unter speziellen Annahmen der Symmetrie der Interaktionsstruktur und einfachen Verteilungen der Kontaktraten und
Wirkungsparameter auf die Positionen aus den individuellen
Prozessen gewonnen werden. (Vgl. im einzelnen die Analyse
in H.J.Hummell 1970):

Für die rein strukturabhängige Diffusion gilt, daß sie im
Falle einer nicht unverbundenen und bezüglich der Erreichbarkeiten der Akteure symmetrischen Struktur in Form einer
logistischen Kurve verläuft; für die rein quellenabhängige
Diffusion gilt im Falle der Symmetrie der Erreichbarkeit
durch die Quelle, daß die Diffusion in Form einer Exponentialkurve verläuft, unabhängig davon, ob die Interaktionsstruktur verbunden oder unverbunden ist.

Wie schon erwähnt, dürften Symmetrie und Verbundenheit,
wenn überhaupt, nur in kleinen Gruppen realisiert sein,

in denen man manchmal sogar von der Existenz vollständiger
Strukturen ausgehen kann. Die in großen Kollektiven anzu-
treffende Unvollständigkeit wird solange unproblematisch
sein, als sie zufällig verteilt ist, denn dann sind durchschnittlich alle Positionen symmetrisch zueinander: man kann
in solchen großen "gut gemischten" Populationen das Gesamt-
netzwerk in statistischer Weise berücksichtigen (vgl. die
Diskussion der verschiedenen Ansätze bei A.Rapoport 1963,
Kap. 1 und 2). Beispielsweise können die Wahrscheinlichkeiten des Kontaktes als für alle Paare gleich angenommen
werden. Wenn nun ein Individuum eine Neuerung akzeptiert,
sind seine Erreichbarkeiten seitens aller anderen Individuen im Durchschnitt gleich. Das bedeutet aber, daß - falls
eine symmetrische Struktur vorliegt - sich die Individuen
mit den neuen Attributen gewissermaßen über den gesamten
sozialen "Raum" mit unendlicher Geschwindigkeit gleichmäßig
verteilen müssen, so daß die Konzentration der Individuen
mit den unterschiedlichen relevanten Attributen an allen
"Stellen" immer gleich ist. (Solche Annahmen werden implizit
z.B. auch in den kontextanalytischen Wahluntersuchungen gemacht, wenn das Kontextmerkmal aus dem für alle Akteure
gleichen Prozentsatz von Personen mit einer bestimmten Eigenschaft besteht.) Eine erste Lockerung der restriktiven Bedingungen ist möglich durch Angabe einer Funktion für die
Art und insbesondere Geschwindigkeit der Verteilung der Personen über den "Raum" (als Beispiel vgl. die Arbeit von H.D.
Landahl 1957).

Falls die Individuen mit dem neuen Attribut jedoch nicht
diffundieren und die Kontakte zwischen Paaren von Personen
eine Funktion der "Entfernung" sind, variieren die Wahrscheinlichkeiten der Übernahme des Attributes in Abhängigkeit davon, wieviel Individuen mit dem relevanten Attribut
in der "Nachbarschaft" erreichbar sind. Das heißt aber, daß
die Wahrscheinlichkeiten des Kontaktes mit Partnern eines
anderen Typs innerhalb einer durch bestimmte Merkmale defi-

nierten Menge von Akteuren ganz verschieden sein kann. (Innerhalb eines Stimmbezirks haben z.B. nicht alle Akteure,
die eine bestimmte Partei wählen, die gleichen Chancen der
Interaktion mit Personen, die die gleiche oder eine andere
Partei wählen !)

Gerade aufgrund spezieller Interaktionstheorien sind <u>syste-
matische Unvollständigkeiten</u> der Interaktionsstruktur in
großen Kollektiven zu erwarten: Aus der sog. Balance-Theorie
folgt z.B., daß die bedingte Wahrscheinlichkeit einer positiven Interaktion von i nach j, wenn j der Freund eines
Freundes von i ist, größer ist als die unbedingte Wahrscheinlichkeit von i nach j. An den Stellen, wo umgekehrte Bedingungen erfüllt sind, werden statt der "Verdichtungen"
"Löcher" im Interaktionsnetz wahrscheinlicher sein.

J. S. C o l e m a n (1964, Kap. 17) schlägt für den Fall
systematischer Unvollständigkeit zwei Strategien vor: a) Zerlegung der Gesamtstruktur in eine Vielzahl disjunkter Cliqu-
en (vollständiger Strukturen); b) Zerlegung in eine kleine
Zahl sich überschneidender Gruppen. Falls der Weg der Zerlegung des Gesamtsystems in eine Menge disjunkter vollständiger (allgemeiner: symmetrischer, nicht unverbundener) Teilstrukturen begehbar ist, kann man jede der Teilstrukturen
wie ein selbständiges System behandeln. Wegen der Symmetrie
braucht man weiterhin die Netzwerke solcher Teilstrukturen
nicht detailliert zu analysieren, sondern kann ihre Wirkung
in einer undifferenzierten Kontextwirkung zusammenfassen.
Über diese Wirkung des unmittelbaren Kontextes - beispielsweise der "primären Umwelt" im Sinne der maximalen Menge von
Partnern, die gerade noch eine vollständige Struktur bilden,
- kann man dann einen Effekt des umfassenderen Kontextes
überlagern.

Hieraus ergibt sich eine mögliche generelle Strategie im
Rahmen der Mehrebenenanalyse bei Kontexten, die als syste-

matisch unvollständige Strukturen interpersoneller Beeinflussung bzw. Interaktion anzusehen sind (H.J.Hummell 1970):
Man zerlege das inhomogene unvollständige Gesamtsystem entsprechend einem Prinzip maximaler Vollständigkeit oder Verbundenheit und dem in § 6.2.3 erwähnten Prinzip maximaler
Homogenität in eine <u>Hierarchie von Kontexten</u> - jeder Kontext
ist definiert durch die Menge der dazugehörenden Personen -
mit folgenden Eigenschaften:

1. Jeder Akteur ist Mitglied von genau einer primären Umwelt, dem Kontext der untersten Ebene.

2. Jeder Kontext einer höheren Ebene ist (disjunkte) Verei-
   nigung von Kontexten der nächstniedrigen Ebene.

3. Alle Kontexte der gleichen Ebene sind maximal, so daß sie
   noch jeweils homogen und vollständig sind.

4. Da insbesondere die primäre Umwelt homogen und vollständig ist, braucht sie im Hinblick auf ihre Wirkung auf den
   Akteur nicht weiter differenziert zu werden. Die sich aus
   dem Netzwerk aller primären Beziehungen ergebenden Wirkungen auf den Akteur werden diesem primären Kontext insgesamt zugeschrieben.

5. Mögliche Wirkungen anderer primärer Kontexte, deren Mitglied der Akteur nicht ist, werden in einer "globalen Weise" dem nächsthöheren Kontext zugeschrieben.

6. Setzt man diese Prozedur so lange fort, bis der letzte
   Kontext gleich dem Gesamtsystem ist, erhält man für jedes
   Individuum eine Folge von Kontextwirkungen. Dieser ent-
   spricht eine Folge von durch Inklusion geordneten Kontex-
   ten, beginnend mit der primären Umwelt und endend mit dem
   Gesamtsystem.

Es sei abschließend darauf hingewiesen, daß die in diesem
Abschnitt vorgetragenen Überlegungen in keiner Weise den
Anspruch erheben können, eine systematische Darstellung
der Problematik zu sein. Da wir uns hier auf ein Gebiet
begeben, das gerade erst in den Umrissen sichtbar wird,
war es nur möglich, eine sehr vorläufige und mehr in Form
von Andeutungen formulierte Charakterisierung der Probleme
zu geben, die im Zusammenhang mit der "Vermittlung" von Effekten des sozialen Kontextes bzw. sozialer Strukturen möglicherweise auftreten können. Verzichtet werden mußte auch
auf eine Diskussion von Lösungsvorschlägen, denn wo noch
nicht einmal die Fragen genau formuliert sind, kann es auch
keine Antworten geben.

Literaturverzeichnis

(1) Abelson, R. P., Mathematical Models of the Distribution of Attitudes under Controversy, in: N. Frederiksen und H. Gulliksen (Hrsg.), Contributions to Mathematical Psychology, New York 1964.

(2) Abell, P., Structural Balance in Dynamic Structures, Sociology, Bd. 2 (1968).

(3) Alker, H. R., Mathematics and Politics, New York 1965.

(4) Ders., A Typology of Ecological Fallacies, in: M. Dogan und S. Rokkan (Hrsg.), Quantitative Ecological Analysis in the Social Sciences, Cambridge, Mass., 1969.

(5) Allardt, E., The Merger of American and European Traditions of Sociological Research - Contextual Analysis, Social Sciences Information, Bd. 7 (1968), S. 151-168.

(6) Ders., Aggregate Analysis: The Problem of its Informative Value, in: M. Dogan und S. Rokkan (Hrsg.), Quantitative Ecological Analysis in the Social Sciences, Cambridge, Mass., 1969.

(7) Barton, A. H., Organizational Measurement, New York 1961.

(8) Bavelas, A., A Mathematical Model for Group Structures, Applied Anthropology Bd. 7 (1948), S. 16 - 30.

(9) Ders., Communication Patterns in Task-Oriented Groups, Journal of the Accoustical Society of America, Bd. 22 (1950); auch in: D. Cartwright und A. Zander (Hrsg.), Group Dynamics: Research and Theory, 2. Aufl., Evanston, Ill., 1960.

(10) Berge, C., Théorie des graphes et ses applications, Paris 1958.

(11) Bergmann, G., Philosophy of Science, Madison 1957.

(12) Beshers, J. M., (Hrsg.), Computer Methods in the Analysis of Large Scale Social Systems, Cambridge, Mass., 1965.

(13) Beum, C.O., und E. G. Brundage, A Method for Analyzing the Sociomatrix, Sociometry, Bd. 13 (1950), S.141-145.

(14) Blalock, H. M., Causal Inferences in Non-Experimental Research, Chapel Hill, N.C., 1961.

(15) Blalock, H. M., Status Integration and Structural
     Effects, American Sociological Review Bd. 32 (1967),
     S. 790-801.

(16) Blau, P. M., Formal Organization: Dimensions of Analy-
     sis, American Journal of Sociology Bd. 63 (1957), S.58-
     69.

(17) Ders., Structural Effects, American Sociological Review,
     Bd. 25 (1961), S. 178-193.

(18) Ders., Exchange and Power in Social Life, New York 1964.

(19) Boudon, R., Propriétés individuelles et propriétés col-
     lectives; un problème d'analyse écologique, Revue
     française de sociologie Bd. 4 (1963), S. 275-299; auch
     in: R. Boudon und P. F. Lazarsfeld 1966.

(20) Ders., L'analyse mathématique des faits sociaux,
     Paris 1967.

(21) Ders.,und P. F. Lazarsfeld (Hrsg.), L'analyse empirique
     de la causalité, Paris und Den Haag 1966.

(22) Campbell, E. Q., und C. N. Alexander, Structural Ef-
     fects and Interpersonal Relationships, American Journal
     of Sociology Bd. 71 (1965), S.284-289.

(23) Carnap, R., Einführung in die symbolische Logik mit
     besonderer Berücksichtigung ihrer Anwendungen, 2. erw.
     Aufl., Wien 1960.

(24) Cartwright, D., The Potential Contribution of Graph
     Theory to Organization Theory, in: M. Haire (Hrsg.),
     Modern Organization Theory, New York 1959.

(25) Ders. und F. Harary, Structural Balance: A Generali-
     zation of Heider's Theory, Psychological Review Bd. 63
     (1956), S. 277-293; auch in: D. Cartwright und A. Zander
     1960.

(26) Ders. und A. Zander (Hrsg.), Group Dynamics. Research
     and Theory, 2. Aufl., Evanston, Ill., 1960.

(27) Cattell, R. B., Types of Group Characteristics, in:
     P. F. Lazarsfeld und M. Rosenberg (Hrsg.), The Language
     of Social Research, Glencoe, Ill., 1955; zuerst in: De-
     termining Syntality Dimensions as a Basis for Morale
     and Leadership Measurement, in: H. Guetzkow (Hrsg.),
     Groups, Leadership, and Men, Pittsburgh 1951.

(28) Chabot, J., A Simplified Example of the Use of Matrix
     Multiplication for the Analysis of Sociometric Data,
     Sociometry Bd. 13 (1950), S. 131-140.

(29) Cloward, R. A., und L. E. Ohlin, Delinquency and Oppor-
     tunity. A Theory of Delinquent Gangs, Glencoe, Ill.,
     1960.

(30) Coleman, J. S., Relational Analysis, Human Organization
     Bd. 17 (1958/59), S. 28-36; teilw. auch in: A. Etzioni

(Hrsg.), Complex Organizations. A Sociological Reader,
New York 1961a.

(31) Coleman, J. S., The Adolescent Society, New York 1961b.

(32) Ders., Comment on Three Climate of Opinion Studies,
Public Opinion Quarterly Bd. 25 (1961c).

(33) Ders., Reward Structures and the Allocation of Effort,
in: J. Criswell u.a.(Hrsg.), Mathematical Methods in
Small Group Processes, Stanford 1962.

(34) Ders., Introduction to Mathematical Sociology, New York
und London 1964.

(35) Ders., The Use of Electronic Computers in the Study of
Social Organizations, Archives européennes de sociologie Bd. 6 (1965),S.89-107.

(36) Ders. u.a., Equality of Educational Opportunity,
Washington, D.C., 1966.

(37) Ders., E. Katz und H. Menzel, Medical Innovation. A Diffusion Study, Indianapolis 1966.

(38) Ders. und D. MacRae, Electronic Processing of Sociometric Data for Groups up to 1.000 in Size, American
Sociological Review Bd. 25 (1960), S. 722-727.

(39) Davis, J. A., Great Books and Small Groups, New York
1961a.

(40) Ders., Compositional Effects, Role Systems and the
Survival of Small Discussion Groups, Public Opinion
Quarterly Bd. 25 (1961b), S.575-584.

(41) Ders., Structural Balance, Mechanical Solidarity, and
Interpersonal Relations, American Journal of Sociology
Bd. 68,(1963), S. 444-462; auch in: J. Berger u.a.
(Hrsg.), Sociological Theory in Progress, Bd.1,
New York 1966.

(42) Ders., Intellectual Climates in 135 American Colleges
and Universities: A Study in "Social Psychophysics",
Sociology of Education, Bd. 37 (1963/64), S. 110-128.

(43) Ders., Boundary Relationships. An Extension of Cartwright and Harary's Theorem on Structural Balance,
hektogr., NORC, Chicago 1965.

(44) Ders., The Campus as a Frog Pound: An Application of
the Theory of Relative Deprivation to Career Decisions
of College Men, American Journal of Sociology Bd. 72
(1966a), S. 17-31.

(46) Ders., Coefficients to Describe the Degree of Cluster-
ability in a Graph, hektogr., NORC, Chicago 1966b.

(46) Ders., Clustering and Structural Balance in Graphs,
Human Relations Bd. 20 (1967), S. 181-187.

(47) Davis, J. A., und S. Leinhardt, The Structure of
     Positive Interpersonal Relations in Small Groups, in:
     J. Berger u.a.(Hrsg.), Sociological Theories in
     Progress, Bd.2, Boston 1970.

(48) Davis, J. A., u.a., A Technique for Analyzing the
     Effects of Group Composition, American Sociological
     Review Bd. 26 (1961), S. 215-225.

(49) Dogan, M., und S. Rokkan, Introduction, in: Dies. (Hrsg.)
     Quantitative Ecological Analysis in the Social Sciences,
     Cambridge, Mass., 1969.

(50) Duncan, O. D., R. P. Cuzzort und B. Duncan, Statistical
     Geography, Glencoe, Ill., 1961.

(51) Duncan, O. D., und B. Davis, An Alternative to Ecolo-
     gical Correlation, American Sociological Review Bd. 18,
     (1953), S. 665-666.

(52) Durkheim, E., Le suicide, nouv. édition, Paris 1960;
     zuerst 1897.

(53) Fararo, T. J., und M. H. Sunshine, A Study of a Biased
     Friendship Net, New York 1964.

(54) Festinger, L., The Analysis of Sociogramms using Matrix
     Algebra, Human Relations Bd. 2 (1949), S. 153-158.

(55) Ders., S. Schachter und K. Back, Matrix Analysis of
     Group Structures, in: P. F. Lazarsfeld und M. Rosenberg
     (Hrsg.), The Language of Social Research, Glencoe, Ill.,
     1955; urspr. in: Social Pressures in Informal Groups,
     New York 1950.

(56) Flament, C., Théorie des graphes et structures sociales,
     Paris 1965.

(57) Forsyth, E., und L. Katz, A Matrix Approach to the
     Analysis of Sociometric Data, Sociometry Bd. 9 (1946),
     S. 340-347.

(58) Foster, C. C., A. Rapoport und C. J. Orwant, A Study of
     a Large Sociogramm, II: Elimination of Free Parameters,
     Behavioral Science Bd. 8, 1963, 56-65.

(59) Galtung, J., Theory and Methods of Social Research,
     Oslo 1967.

(60) Gilli, G. A., Effetti Strutturali, Quaderni di socio-
     logia Bd. 14 (1965), S. 171-199.

(61) Goodman, L. A., Ecological Regression and Behavior of
     Individuals, American Sociological Review Bd. 18
     (1953), S. 663-664.

(62) Ders., Some Alternatives to Ecological Correlation,
     American Journal of Sociology Bd. 64 (1959), S. 610-625.

(63) Harary, F., Structural Duality, Behavioral Science,
     Bd. 2 (1957), S.255-265.

(64) Harary, F., A Criterion of Unanimity in French's Theory
     of Social Power, in: D. Cartwright (Hrsg.), Studies in
     Social Power, Ann Arbor, Mich., 1959a; dtsch. in:
     R. Mayntz (Hrsg.), Formalisierte Modelle in der Sozio-
     logie, Neuwied und Berlin 1967.

(65) Ders., On the Measurement of Structural Balance, Be-
     havioral Science Bd. 4 (1959b), S. 316-323.

(66) Ders., Status and Contrastatus, Sociometry Bd. 22
     (1959c), S. 23-43.

(67) Ders., Graph Theory and Group Structure, in: R. D. Luce,
     R. R. Bush und E. Galanter (Hrsg.), Readings in Mathe-
     matical Psychology, Bd. 2, New York 1965, S. 225-241.

(68) Ders., Graph Theory, Reading, Mass., 1969.

(69) Ders., R. Z. Norman und D. Cartwright, Structural Models.
     An Introduction to the Theory of Directed Graphs,
     New York 1965.

(70) Ders. und I. C. Ross, A Procedure for Clique Detection
     using the Group Matrix, Sociometry Bd. 20 (1957),
     S. 205-215.

(71) Harder, T., Model Construction in Multilevel-Multi-
     variate Analysis, Quality and Quantity Bd. 3 (1969a),
     S. 153-167.

(72) Ders., Modelltechnische Überlegungen zur Mehrebenen-
     analyse, hektogr., Köln 1969b.

(73) Ders. und F. U. Pappi, Multiple-Level Regression An-
     alysis of Survey and Ecological Data, Social Sciences
     Information Bd. 8 (1969), S. 43-67.

(74) Holt, R. T., und J. E. Turner, The Methodology of Com-
     parative Research, New York 1970.

(75) Hopkins, T. K., und I. Wallerstein, The Comparative
     Study of National Societies, Social Sciences Informa-
     tion Bd. 6 (1967).

(76) Hummell, H. J., Methodologischer Individualismus,
     Struktureffekte und Systemkonsequenzen, hektogr., Köln
     1970.

(77) Ders., H. Kaupen-Haas und W. Kaupen, Die Überweisung
     von Patienten als Bestandteil des ärztlichen Interak-
     tionssystems, in: H. Kaupen-Haas (Hrsg.), Soziologische
     Probleme medizinischer Berufe, Köln und Opladen 1968.

(78) Ders. und K. D. Opp, Sociology without Sociology. The
     Reduction of Sociology to Psychology: A Program, A Test
     and The Theoretical Relevance, Inquiry Bd. 11 (1968),
     S. 205-226.

(79) Ders. und K. D. Opp, Die Reduzierbarkeit von Soziologie
     auf Psychologie, Braunschweig 1971.

(80) Isambert, F., Enterrements civils et classes sociales, Revue française de sociologie Bd. 1 (1960), S. 298-313; auch in: R. Boudon und P. F. Lazarsfeld 1966.

(81) Katz, E., und P. F. Lazarsfeld, Personal Influence. The Part Played by People in the Flow of Mass Communications Glencoe, Ill., 1955.

(82) Katz, L., Punched Card Technique for the Analysis of Multiple Level Sociometric Data, Sociometry Bd. 13 (1950), S. 108-122.

(83) Ders., A New Status Index derived from Sociometric Analysis, Psychometrika Bd. 18 (1953), S. 39-43.

(84) Kaupen-Haas, H., Struktur und Wandel ärztlicher Autorität. Eine Anwendung soziologischer Theorie auf Aspekte der Arzt-Patient-Beziehung, Stuttgart 1969.

(85) Kendall, P. L., und P. F. Lazarsfeld, The Relation between Individual and Group Characteristics in "The American Soldier", in: P. F. Lazarsfeld und M. Rosenberg (Hrsg.), The Language of Social Research, Glencoe, Ill., 1955; zuerst in: Problems of Survey Analysis, in: R. K. Merton und P. F. Lazarsfeld (Hrsg.), Continuities in Social Research, Glencoe, Ill., 1950.

(86) Klatzmann, J., Comportement électorale et classe sociale, in: R. Boudon und P. F. Lazarsfeld 1966.

(87) Klingemann, H. D., Bestimmungsgründe der Wahlentscheidung im Bundestagswahlkreis Heilbronn: Eine regionale Wahlanalyse, Meisenheim a.G. 1968.

(88) Kornhauser, W., The Politics of Mass Society, Glencoe, Ill., 1959.

(89) Landahl, H. D., Population Growth under the Influence of Random Dispersal, Bulletin of Mathematical Biophysics Bd. 19 (1957), S. 171-186.

(90) Lazarsfeld, P. F., Evidence and Inference in Social Research, Daedalus Bd. 87 (1958), S. 99-130; auch in: D. Lerner (Hrsg.), Evidence and Inference, Glencoe, Ill., 1959.

(91) Ders., Problems in Methodology, in: R. K. Merton u.a. (Hrsg.), Sociology Today, New York 1959.

(92) Ders. und N. Henry, The Application of Latent Structure Analysis to Quantitative Ecological Data, in: F. Massarik und P. Ratoosh (Hrsg.), Mathematical Explorations in Behavioral Science, Homewood, Ill., 1965.

(93) Ders. und H. Menzel, On the Relation between Individual and Collective Properties, in: A. Etzioni (Hrsg.), Complex Organizations, New York 1961.

(94) Ders. und R. K. Merton, Friendship as a Social Process: A Substantive and Methodological Analysis, in: M. Berger

T. Abel und C. Page (Hrsg.), Freedom and Control in
Modern Society, Princeton, N.J., 1954.

(95) Lazarsfeld, P. F., und W. Thielens, The Academic Mind.
Social Scientists in a Time of Crisis, Glencoe, Ill.,
1958.

(96) Lenk, H., Graphen und Gruppen. Anwendungsmöglichkeiten
der mathematischen Graphentheorie in Soziologie und
Sozialpsychologie, Soziale Welt Bd. 20 (1969), S. 407-
427.

(97) Levin, M. L., Social Climates and Political Sociali-
zation, Public Opinion Quarterly Bd. 25 (1961).

(98) Linz, J. J., Ecological Analysis and Survey Research,
in: M. Dogan und S. Rokkan (Hrsg.), Quantitative Ecological Analysis in the Social Sciences, Cambridge,
Mass., 1969.

(99) Lipset, S. M., M. Trow und J. Coleman, Union Democracy,
Glencoe, Ill., 1956.

(100) Luce, R. D., Connectivity and Generalized Cliques in
Sociometric Group Structure, Psychometrika Bd. 15
(1950), S. 169-190.

(101) Ders., A Note on Boolean Matrix Theory, Proceedings
of the American Mathematical Society, Bd. 3 (1952a),
S. 382-388.

(102) Ders., Two Decomposition Theorems for a Class of Finite
Oriented Graphs, American Journal of Mathematics Bd. 74
(1952b), S. 701-722.

(103) Ders. und A. D. Perry, A Method of Matrix Analysis of
Group Structure, Psychometrika Bd. 14 (1949), S. 94-
116.

(104) Meltzer, L., Comparing Relationships of Individual and
Average Variables to Individual Responses, American
Sociological Review Bd. 28 (1963), S. 117-123.

(105) Menzel, H., Comment on Robinson's "Ecological Correlations and the Behavior of Individuals", American
Sociological Review Bd. 15 (1950), S. 674.

(106) Merton, R. K., und A. S. Rossi, Contributions to the
Theory of Reference Group Behavior, in: R. K. Merton,
Social Theory and Social Structure, Glencoe, Ill.,1957.

(107) Michael, J. A., High School Climates and Plans for
Entering College, Public Opinion Quarterly Bd. 25
(1961).

(108) Nasatir, D., A Note on Contextual Effects and the Political Orientation of University Students, American
Sociological Review Bd. 33 (1968),S. 210-219.

(109) Newcomb,T. M., An Approach to the Study of Communica-
tive Acts, Psychological Review Bd. 60 (1953).

(110) Opp, K. D., Methodologie der Sozialwissenschaften.
Eine Einführung in Probleme ihrer Theorienbildung,
Reinbek 1970.

(111) Ore, O., Graphs and their Uses, New York 1963.

(112) Parsons, T., und E. A. Shils, Toward a General Theory
of Action, Cambridge, Mass., 1951.

(113) Przeworski, A., und H. Teune, The Logic of Comparative
Social Inquiry, New York 1970.

(114) Rapoport, Anatol, Nets with Distance Bias, Bulletin of
Mathematical Biophysics Bd. 13 (1951).

(115) Ders., Spread of Information through a Population with
Sociostructural Bias: I. Assumption of Transitivity;
II. Various Models with Partial Transitivity, Bulletin
of Mathematical Biophysics Bd. 15 (1953).

(116) Ders., The Diffusion Problem in Mass Behavior, General
Systems Bd. 1 (1956), S. 48-55.

(117) Ders., Nets with Reciprocity Bias, Bulletin of Mathematical Biophysics Bd. 20 (1958), S. 191-201.

(118) Ders., Mathematical Models of Social Interaction, in:
R. D. Luce, R. R. Bush und E. Galanter (Hrsg.), Hand-
book of Mathematical Psychology, Bd. 2, New York 1963.

(119) Ders. und W. J. Horvath, A Study of a Large Sociogramm,
Behavioral Science Bd. 6 (1961), S. 279-291.

(120) Riley, M. W., Sociological Research. A Case Approach.
Bd. I, New York und Burlingame 1963; Kap. XII.

(121) Dies. und R. Cohn, Control Networks in Informal Groups,
Sociometry Bd. 21 (1958), S. 30-48.

(122) Robinson, W. S., Ecological Correlations and Behavior
of Individuals, American Sociological Review Bd. 15
(1950), S. 351-357.

(123) Rosenberg, M., The Dissonant Religious Context and
Emotional Disturbance, American Journal of Sociology
Bd. 68 (1962), S. 1-10.

(124) Ross, I. C., und F. Harary, Identification of the
Liaison Persons of an Organization using the Structure
Matrix, Management Science Bd. 1 (1955), S. 251-258.

(125) Dies., A Description of Strengthening and Weakening
Members of a Group, Sociometry Bd. 22 (1959) ,
S. 139-147.

(126) Sahner, H., Aggregations- und Kontexteffekte. Probleme
bei der Analyse ökologischer Daten, Angewandte Sozialforschung Heft 3/4 (1970/71), S. 264-283.

(127) Scheuch, E. K., Cross-National Comparisons using
Aggregate Data: Some Substantive and Methodological
Problems, in: R. L. Merritt und S. Rokkan (Hrsg.),

Comparing Nations. The Use of Quantitative Data in
Cross-National Research. New Haven und London 1966.

(128) Scheuch, E. K., Entwicklungsrichtungen bei der Analyse
sozialwissenschaftlicher Daten, in: R. König (Hrsg.),
Handbuch der empirischen Sozialforschung, Bd. 1,
2. Aufl., Stuttgart 1967a.

(129) Ders., Society as Context in Cross-Cultural Comparisons, Social Sciences Information Bd. 6 (1967b), S.7-23.

(130) Ders., Ökologischer Fehlschluß, in: W. Bernsdorf
(Hrsg.), Wörterbuch der Soziologie, 2. Aufl., Stuttgart
1968.

(131) Ders., Social Context and Individual Behavior, in:
M. Dogan und S. Rokkan (Hrsg.), Quantitative Ecological Analysis in the Social Sciences, Cambridge, Mass.,
1969a.

(132) Ders., Methodische Probleme gesamtgesellschaftlicher
Analysen, in: T. W. Adorno (Hrsg.), Spätkapitalismus
oder Industriegesellschaft ?, Stuttgart 1969b.

(133) Segal, D. R., und M. W. Meyer, The Social Context of
Political Partisanship, in: M. Dogan und S. Rokkan
(Hrsg.), Quantitative Ecological Analysis in the Social
Sciences, Cambridge, Mass., 1969.

(134) Selvin, H. C., Durkheim's Suicide and Problems of Em-
pirical Research, American Journal of Sociology Bd. 63
(1958), S. 607-619; dtsch. in: E. Topitsch (Hrsg.),
Logik der Sozialwissenschaften, Köln und Berlin 1965.

(135) Ders., The Effects of Leadership, Glencoe, Ill., 1960.

(136) Shimbel, A., Applications of Matrix Algebra to Communication Nets, Bulletin of Mathematical Biophysics
Bd. 13 (1951), S. 165-178.

(137) Ders., Communication in Hierarchical Network, Bulletin
of Mathematical Biophysics Bd. 14 (1953), S. 141-151.

(138) Shiveley, W. P., "Ecological Inference": The Use of
Aggregate Data to Study Individuals, American Political Science Review Bd. 63 (1969), S. 1183-1196.

(139) Sills, D. L., Three 'Climate of Opinion' Studies, Public Opinion Quarterly Bd. 25 (1961), S. 571-573.

(140) Slatin, G. T., Ecological Analysis of Delinquency:
Aggregation Effects, American Sociological Review
Bd. 34 (1969), S. 894-907.

(141) Solomonoff, R., und A. Rapoport, Connectivity of Random Nets, Bulletin of Mathematical Biophysics Bd. 13
(1951), S. 107-117.

(142) Tannenbaum, A. S., und J. G. Bachmann, Structural
       versus Individual Effects, American Journal of So-
       ciology Bd. 69 (1964), S. 585-595.

(143) Thorndike, E. L., On the Fallacy of Imputing the Cor-
       relations Found for Groups to the Individuals Com-
       posing them, American Journal of Psychology Bd. 52
       (1939), S. 122-124.

(144) Valkonen, T., Individual and Structural Effects in
       Ecological Research, in: M. Dogan und S. Rokkan (Hrsg.)
       Quantitative Ecological Analysis in the Social
       Sciences, Cambridge, Mass., 1969.

(145) Ziegler, R., Theorie und Modell. Der Beitrag der For-
       malisierung zur soziologischen Theorienbildung,
       München 1972.

Sachregister